智元微库
OPEN MIND

成长也是一种美好

U0258609

# 数学有万物

## 改变你一生的 36 堂数学课

余襄子 著

Math,
more than
meets the eye

人民邮电出版社

北京

图书在版编目（CIP）数据

数学有万物：改变你一生的36堂数学课 / 余襄子著
. -- 北京：人民邮电出版社，2024.6
ISBN 978-7-115-64363-6

Ⅰ．①数… Ⅱ．①余… Ⅲ．①数学－青少年读物
Ⅳ．①O1-49

中国国家版本馆CIP数据核字(2024)第091971号

◆ 著　　余襄子
　责任编辑　王　微
　责任印制　周昇亮
◆人民邮电出版社出版发行　　北京市丰台区成寿寺路 11 号
　邮编 100164　　电子邮件 315@ptpress.com.cn
　网址 https://www.ptpress.com.cn
　天津千鹤文化传播有限公司印刷
◆开本：880×1230　1/32
　印张：8.25　　　　　　　　　2024 年 6 月第 1 版
　字数：155 千字　　　　　　　2024 年 6 月天津第 1 次印刷

定　价：59.80 元
读者服务热线：（010）67630125　印装质量热线：（010）81055316
反盗版热线：（010）81055315
广告经营许可证：京东市监广登字 20170147 号

# 数学，
# 又不只是数学

我对数学世界的兴趣，源自以前读书时候的一个感悟。

读初中的时候，我第一次接触了无理数，发现无理数真的非常神奇。在我们的一般性理解中，无理数是不能写作两个整数之比的数，也就是无限不循环小数。让我感到惊奇的是，两个无限不循环的小数相乘，最终的结果却可能是一个整数，典型的例子就是两个 $\sqrt{2}$ 相乘。

自从学了无理数，我第一次感受到数学世界的神奇，无限乘无限，得到的答案是有限的，就像变魔术，完全超乎人的一般常识。

再后来，我慢慢体验到了自然界的神奇，在自然界，就有两个天然的无理数，它们分别是 π 和 e。

在稍微长大一点之后，我接触了机械宇宙论，这是牛顿提出来的。顾名思义，机械宇宙论的核心是，我们赖以生存的整个世界，就像一个巨大的机械装置，只要我们知道的参数足够多，那么理论上就可以预测未来与知晓过去。有了牛顿，人们这才意识到，天上的行星与挂在树上的苹果，都受到万有引力的作用，在牛顿去世约 70 年后，万有引力常数被英国物理学家卡文迪许精确地测了出来。自此之后，人类对这个世界，乃至整个宇宙的理解跨入高速发展期。

后来，随着科学的发展，机械宇宙论被推翻了。

近几年，随着人工智能的发展，很多人认为，或许我们这个宇宙就是某个高级智能创造出来的一台计算机，在这个宇宙中发生的一切都是一串串高级代码。

然而，无理数的存在，证明这个说法是不可能的。

假设，我们人类的技术发展到了一定的高度，可以去创造一个和我们的宇宙一模一样的微型宇宙，当我们要在这个微型宇宙中引入无理数的时候，就会遇到一个天然的困难。那就是，无理数是没有尽头的，比如我们要计算 π，我们只能算到 π 的第几位，哪怕是计算到小数点后几十亿位，也和 π 本身相差甚远。

换句话讲，就算我们用尽宇宙中的所有能量，也无法穷尽 $\pi$。

无理数，那真的是无穷尽也！

也有人说，以后技术发达了，我们可以把一个人的意识通过技术和代码上传到计算机中，然后我们的意识就被代码化了，我们也就永生了。这可能就是"意识不灭"的最佳体现。

后来我想了想，觉得"意识不灭"的前提是我们的意识可以被准确地表达出来，而代码，其底层逻辑是数学语言。

万一，在用代码展现我们大脑的思维活动时，用到了无理数呢？

既然宇宙中天然就有无理数，我们又有什么理由认为我们大脑的思维活动在用代码展现的时候，就没有用到无理数呢？

近几年，我们对大脑的了解虽然比以往更深入，但实际依旧知之甚少。大脑的思维活动可以简单理解成大脑中神经元的活动。未来，我们或许可以将"神经元如何传递信息，以及这些信息代表什么"用一串代码展示出来。但如果这个代码中出现了类似 $\sqrt{2}$ 的无理数呢？

我们当然可以直接用 $\sqrt{2}$ 来表示，但你不觉得这只是表象而不是本质吗？

如果要触达本质，我们可能要将 $\sqrt{2}$ 开出来，但问题也就随之而来，开出来的 $\sqrt{2}$，其小数点后跟着无穷无尽的数。或者，我们退而求其次，精确到小数点后 3 位，那么 $\sqrt{2}$ 可以写成 1.414。

可是，$\sqrt{2}$ 和 1.414 一样吗？

完全不一样！

做了模糊处理，我们上传的意识还是原本的意识吗？

只是一两个无理数做模糊处理，可能也还好，如果无理数的数量多了，我们都将其精确到小数点后 3 位，那跟真实情况相比，得到的结果可能就会"失之毫厘，谬以千里"，甚至可能引发蝴蝶效应。

我们来看下面两组对比。

| 真实世界 | 虚拟世界 |
| :---: | :---: |
| $\sqrt{2}$ | 1.414 |
| $\sqrt{3}$ | 1.732 |
| π | 3.141 |
| … | … |

这个对比说明，将符号换算成数值，二者的结果会相差很大，并不一致。

我们或许可以将一个人的意识或思想克隆出来，创造一个机器大脑，但机器大脑和原先的大脑之间，必然存在着差异，这种差异就像是量子力学中的不确定性原理，是天然存在的，与科学技术的发展和实验仪器的精度无关。

这也意味着，就算我们能上传意识，上传的意识也会失真。

一个机器人，或许拥有我的所有记忆，能够记住我从小到大遇见的每一个人的姓名和面容，也知道我做过的所有事情。可是，它永远不可能是我，我和它之间就是差了那么一点儿感觉，这种感觉的差异来自无理数小数点后面被四舍五入的部分。

　　这么一想，我才发现自己是多么的宝贵，每一个可以思考的人，他的意识都无法被复制，他就是整个宇宙中独一无二的自己。

　　再想想，很多时候，我们会遇到这样的情况，明知道自己是怎么想的，就是不知道怎么说，或不知道怎么表达。除了欠缺表达能力，真正的困难可能是思想无法被完全展现出来。

　　思想无限，而语言有限，表达有限。

　　数学世界非常精彩，它远比我们所知道的要有趣，我们在学校里学到的数学，更多关注的是解题方法与技巧，而这只是数学世界的冰山一角。

　　一直以来，我都想写一本关于那些有趣的数学的书，很荣幸，这次能有机会出版这本书。我相信，这本书必能打开你的视野，使你从此对数学有一种别样的看法，这种看法，也将使你受益终生，哪怕今后你不再和数学打交道，在生活中，这些有趣的数学也能让你的世界多一分惊奇。

余襄子

2023 年 11 月 20 日

**目录**

**第一章　数学，其实是一门人文学科** -001

01　数学是真实存在的吗 -002

02　不懂数学，不是好艺术家 -006

03　数学，最重要的是什么 -013

04　数学历史上著名的"决斗" -020

05　对数的痴迷，能够引发危机 -026

06　无穷是什么：第二次数学危机 -034

07　理发师悖论：第三次数学危机 -040

08　怪异的集合论 -047

09　历史上最让人头疼的数学家 -054

**第二章　数学好，能掌握生活的窍门** -063

01　幸存者偏差：你以为的成功就是真的成功吗 -064

02　爱数学之人阿基米德与双重归谬法 -069

03　将复杂的问题拆分成若干简单的小问题——傅里叶变换 -079

04　换，还是不换？抽奖背后的概率问题 -087

05　阴与阳：检测与答题中的概率问题 -092

06　条件一变，概率的结果就会变 -096

07　我和同学同一天生日，只是巧合吗 -102

08　在博弈游戏中，为什么庄家可以一直赢 -108

09　相关性≠因果性：优胜劣汰，为什么不靠谱 -113

**第三章　数学，帮我们认识整个世界** –121

01　人类用两种工具认识世界 –122

02　数学的核心是逻辑 –130

03　推理，不是侦探的专长 –138

04　数学也许是一首诗 –145

05　数学与美术之间的关系：黄金分割 –156

06　数学本身不是"科学" –168

07　数学是物理和化学的推动力 –175

08　数学与计算机：为什么二进制是最优的选择 –185

09　数学与密码学 –190

**第四章　数学之美：通过数学获益终生** –199

01　数学教会我们边界感 –200

02　数学是教人谦卑的学问 –206

03　数学，让我们讲证据 –212

04　世界不会将所有的信息都给予我们 –219

05　均值回归 –224

06　两种曲线，关于努力与进步 –228

07　实然世界与应然世界 –235

08　中国古代也有数学家吗 –238

09　数学之美 –248

参考文献 –252

第一章

数学，
其实是一门人文学科

# 01

## 数学是真实存在的吗

你们班有多少名同学呢？

可能有三十几名，也有可能有四十几名，总之，你们班的学生人数——加上你，肯定是一个具体的数。

但是，假设你们班里共有 43 名同学，你有没有想过，"43"是真实存在的吗？

进一步说，当我们说"这里有 4 个苹果"或"那里有 5 个人"的时候，我们究竟在说什么？

这里的"4 个苹果"和"5 个人"似乎并不具有实际意义，因为它们并不指代具体的个体。它们更像一种抽象的表达方式，用来描述某种数量关系或者特征。

因此，有些人认为数学世界是抽象的。比如，著名的认知语言学专家乔治·拉科夫，曾在2000年与心理学家拉斐尔·努涅斯合著了一本名为《数学从何而来》的书。书中的观点认为，数学是人类大脑的产物，数学不过是我们头脑中的一种思维模式，并不是客观存在的。正如尤瓦尔·赫拉利在《人类简史》中提到的，很多我们以为真实存在的东西，其实都是想象的共同体，比如国家、政府与货币，等等。按照乔治·拉科夫的观点，数学也可以被认为是想象的共同体。

　　然而，大部分人还是认为数学是真实存在的，持这一观点的人包括古希腊时期的柏拉图。

　　同样是古希腊时期的数学家，毕达哥拉斯坚信，数学是构成世界的基石，他将人类的理性知识推向了前所未有的高度。数学以其确定性的证明过程，成为知识的典范。在文艺复兴时期的伽利略等科学家的眼中，数学如同一把打开世界之谜的钥匙，或者说一种知识的密码。然而，引人深思的是，数学并非来自自然界，自然界中并没有任何数的存在，虽然我们将"0、1、2、3…"称为自然数，但这只是因为在人类的早期历史中，我们很容易就能得出这些概念。数学表面上是由人类创造出来的抽象的数字、图形和符号组成的，但它真的只是人类得出的概念吗？如果数学真的只是人类得出的概念，那么为什么人类通过数学计算而不是直接观察来发现自然界的事物呢？

如果我们有机会回顾一下人类的发展史，我们就会发现，对人类来讲，最先认识的数必然是自然数，比如早期社会，我们需要对一些事物的数量进行标示，比如 1 个苹果，2 只羊，3 个敌人等。使用自然数标示是最直接的方法，也是最简单的方法，但其背后的数是抽象的，比如 1、2、3 等。

　　再后来，随着人类认知的发展，人类对于数的理解也越来越抽象，由此诞生了分数、负数，这些数被称为有理数，与无理数并称为实数。在人类认知继续发展的过程中，实数不能满足人类需求，于是出现了虚数，实数与虚数统称为复数。

　　从柏拉图主义者的视角来看，数学并不是人类的发明，而是独立于人类之外的存在。比如，我们定义 "1+1=2"，可能某一天我们遇见了外星人，他们定义 "1+1=3"，这些都不是问题，其本质是一样的，只不过表达形式可能会因文明的不同而有所不同。正如我们中国人将苹果称为 "苹果"，英国人将苹果称为 "apple"，法国人将苹果称为 "la pomme"，虽然叫法不一样，但它所指代的东西却是一样的。

　　证实了电磁波存在的海因里希·鲁道夫·赫兹曾经说："一个人总是不能摆脱这种感觉，这些数学公式是独立的存在，而且拥有它们自己的智慧。它们比我们更聪明，甚至比它们的发现者更聪明，我们从中得到的比最初放进去的还要多。"这或许暗示了数学可能就是游离在人类思想之外的真实存在，如果存在是没有任何物质实体的抽象的存在，那么存在这个词的意义又是什么呢？

好了，我决定就此打住，再这样说下去，我们就会陷入无休止的形而上学之中。

至于数学是存在于我们头脑中的一种思维方式还是独立于我们头脑的客观存在，到目前为止，没有任何人可以给出一个确定的答案。但是，我们人类的文明是在不断发展的，各种概念与定义也在不断完善。

不过，若真想从中得出一个结论，我希望，你们能够认为数学是客观存在的。只有这样，我们才能立足于数学，不断提升我们对数学的理解和认识。

# 02

## 不懂数学，不是好艺术家

在文艺复兴时期，曾经流传过一句话："不懂数学，就不配成为一名画家"。这句话虽然有些夸张，但也反映了当时人们对数学的重视。这句话也与我们熟知的古希腊柏拉图学园门口挂的那句"不懂几何者，不得入内"有些相似。

波兰克拉科夫市恰尔托雷斯基博物馆里收藏着一幅达·芬奇的画作《抱银鼠的女子》（见图1-1）。

图 1-1 《抱银鼠的女子》

　　女子手上抱着的小动物，乍看之下像一只白鼬，但实际上是一只银鼠。整幅画看上去并没有什么奇特的地方，似乎只是一幅人物肖像画，然而在这幅画的背后，却埋藏着一段数学往事。

　　在达·芬奇创作《抱银鼠的女子》这幅画时，他的脑海中闪现了一个疑问：女子脖颈上佩戴的项链应该如何描绘才能使其看起来是自然下垂的呢？要表现出这种自然下垂的曲线，又该采用什么样的手法和技巧呢？

这个问题看似简单，甚至有些无厘头，但实际上它背后藏着一个极为强大的数学工具——微积分。微积分可以帮助我们更好地理解和描绘物体的运动轨迹。然而，虽然达·芬奇非常聪明，但他对这个问题束手无策，在达·芬奇生活的年代，还没有微积分这个数学工具。

100多年后，伽利略也曾思考过这个问题。他认为这条曲线应该类似于开口向上的抛物线，但实际上是否如此，他也说不准。他只是根据自己的直觉和观察进行了猜测，并没有进行严密的证明。

又过了几十年，来自荷兰的数学家兼物理学家惠更斯将对这个问题的研究又向前推进了一步，不过他只是证明了伽利略的猜测是错的，这条曲线不是开口向上的抛物线，仅此而已。至于这条曲线究竟是什么，他也不知道。

在17至18世纪的瑞士，出现了一个在数学上取得非凡成就的家族——伯努利家族（见图1-2）。根据科学史上的统计数据，有超过100个姓氏为伯努利的人从事了与科学或文化研究相关的工作。伯努利家族在数学领域的地位堪比巴赫家族之于音乐。

令人惊叹的是，在伯努利家族三代人中，竟然出现了8位杰出的数学家。这些数学家的成就不仅是他们个人的荣誉，也是这个家族的骄傲。而这个家族中被称为数学家的人，更是多如繁星。

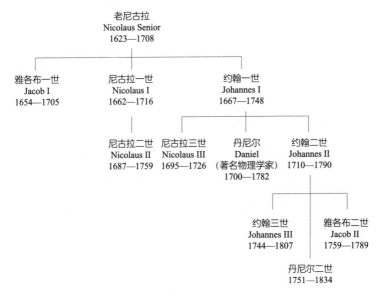

图 1-2　伯努利家族主要族谱

　　伯努利家族曾有一段流浪的日子，这一家人先是来到了法兰克福——德国的一座重要城市。在这里，他们得以暂时安居，为未来的生活打下基础。后来，他们决定离开法兰克福，前往瑞士的巴塞尔寻求庇护。

　　在巴塞尔，他们终于找到了一个可以安定下来的地方，有了一个属于自己的新家园。在这个新家园里，伯努利家族的成员们继续发扬他们的智慧，培养出更多杰出的人才。这些人才在数学领域取得了举世瞩目的成就，也使得伯努利家族成为一个数学世家。

雅各布·伯努利和约翰·伯努利是伯努利家族的第一代，两兄弟对待数学问题的态度都非常认真。然而，虽然在学术上有着共同的热爱和追求，但可能是出于对彼此的嫉妒，也可能是想要在学术上争夺一个高低，他们常常因各种问题发生争论。这两兄弟的年龄相差 13 岁，这种年龄差对他们的关系也可能产生了一定的影响。

在弟弟约翰还是个孩子的时候，哥哥雅各布就一直在公开场合宣称自己是弟弟的老师。这种行为虽然在一定程度上体现了他对弟弟的关心和照顾，但也可能让弟弟感到压力和困扰。当约翰长大后，他发现自己无法忍受在哥哥的光环下的生活，于是他选择了离开，转而跟随另一位大数学家莱布尼茨学习。

当时，达·芬奇遗留下来的"项链下垂曲线问题"在数学界广为流传，这个问题的复杂性和独特性使它成为数学家们研究的重点，甚至多次引发激烈的辩论。然而，虽然大家花费了大量的时间和精力去研究和探讨这个问题，但始终无法找到一个满意的答案。这个问题在当时的数学界曾一度被誉为"无解的难题"。

在这个问题上，雅各布·伯努利展现了他的卓越才智。当时，他是一位在数学界已经有一定影响力的学者，因此他决定发布一个悬赏令，希望能够吸引更多数学家来解答这个问题。

在悬赏令发布后，雅各布收到了大量来信，其中大部分来信中的答案都是错误的，它们或是基于猜测的解答，或是证明过程存在严重错误。

在这些来信中，有 3 封来信给出了正确的答案。一封来自莱布尼茨，他是一位在数学界享有崇高声誉的数学家；一封来自惠更斯，他是科学史上最伟大的科学家之一；还有一封来自他的弟弟约翰·伯努利，虽然他在数学上的造诣并不深厚（至少在哥哥雅各布看来并不深厚），但他的答案却让雅各布大为惊喜。

实际上，这个问题涉及"双曲余弦函数"这一数学概念，它也被人们称为"悬链线"。这个数学概念在科学领域和工程领域都有广泛应用，如今，任何一个在大学攻读理工科的学生，都会很快接触并了解它。

这个"双曲余弦函数"的图像是一个具有特殊性质的曲线，其标准方程为：$y = a\cosh(\dfrac{x}{a})$。

在这个方程中，$a$ 是一个常数，是曲线顶点到横坐标轴的距离。这意味着，当 $x$ 等于 0 时，$y$ 的值等于 $a$；而当 $x$ 增加或减少时，$y$ 的值也会按照相同的规律变化。这种变化模式使得这个函数的图像看起来像一个倒挂的双曲线。

通过这段故事，你可能已经发现每一个伟大数学发现的背后，都隐藏着一段引人入胜的故事。这些故事不仅揭示了数学的奥秘，也展示了数学与我们日常生活之间的紧密联系。在很多领域，我们都可以看到数学的影子，它无处不在，无时不在。

数学，不只是学校里的计算与答题，更是一种思维方式，一种有用的工具。

它的强大与魅力，远超我们的想象。

# 03

## 数学，最重要的是什么

　　在你看来，在数学中最重要的是什么？你可能会认为是计算能力，或是读懂数学概念的能力。但我认为，在数学中最重要的是公理化。那么，什么是公理化呢？

　　公理化是一种方法，属于方法论的范畴，它指的是，在一个数学理论系统中，从尽可能少的原始概念和一些不加证明的公理出发，用纯逻辑的方式来演绎出一套完整自洽的数学体系。

　　比如欧几里得的《几何原本》，它足以被称为数学史上的"名著"了，很多数学家就是从此书中发现了数学或科学的乐趣，比如法国数学家帕斯卡。爱因斯坦曾说："如果欧几里得未能激发你少年时代的科学热情，那么你肯定不会是一个天才的科学家。"

除了《几何原本》，欧几里得也写过其他著作，比如《已知数》《纠错集》《圆锥曲线论》《曲面轨迹》与《观测天文学》等，但很遗憾的是，除了《几何原本》，其他的著作都丢失了，没有流传下来。就连欧几里得的生平记录，也不知道被丢到了哪里，因此关于他的一生，我们知之甚少，他和他的著作一起消失在了茫茫的历史之中。

在欧几里得的时代，古希腊人已经在数学上向前迈进了一大步，但大家都是"东一榔头西一棒子"地研究，在当时几乎所有的数学问题都与几何和数论有关。基于前人的研究，比如毕达哥拉斯和他的学生在数论上已经走出了一条康庄大道，又如柏拉图和亚里士多德师徒的逻辑思维也影响深远，大家心中对数学都有了一个基本的认知，即数学源于理性。

当时的数学界可谓是百家争鸣，大家都有自己的著作，但大多是杂乱无章的，每个数学家都是从自己的假设出发，不怎么考虑数学体系的一致性，甚至会出现互相矛盾的说法。

在这样的时代背景下，欧几里得出现了。尽管我们对欧几里得的生平了解不多，但根据后世的推测，他早年在雅典学习过，后来在托勒密国王的邀请下，去了古埃及的亚历山大里亚城。欧几里得整合前人的研究，建立了一套基于最少的假设与公理却自洽的数学体系。

《几何原本》共有 13 卷，其中包含了 465 个命题或定理，每个命题都不是凭空想象的，而是基于前面的命题，或称上一个定理。就像多米诺骨牌一样，一个定理只要确定了，就可以不断向前推进，推导其余的定理。

而其中最重要的，就是第一张骨牌。欧几里得共得出 10 条公理，其中前 5 条是一般性的公理，后 5 条则是假设，被称为公设，但现在我们也将其称为公理。

前 5 条一般性公理如下。

1. 等于相同量的量，彼此相等。比如 $a=b$，$b=c$，则 $a=c$。

2. 如果等量加等量，和相等。比如 $a=b$，$c=d$，则 $a+c=b+d$。

3. 如果等量减等量，差相等。比如 $a=b$，$c=d$，则 $a-c=b-d$。

4. 彼此重合的物体是全等的。

5. 整体大于部分。

这 5 条一般性公理非常简单，一目了然。

这正是一切研究的前提。只有把前提弄明白，接下来才能稳步向前。数学从来没有想当然的事情，一切推理过程都有根据。但这会带来一个问题，即向前推进到某一步，我们会遇到无法再向前推进的情况。这个时候，对于那些实在找不到根据，但在多次验证之下，又找不到任何反例的情况，我们就将其称为公理。

需要明白的是，公理不是证明出来的，而是人类定义出来的，而根据公理推导出来的结论，我们将其称为定理。

公理有着天然的缺陷，即无法证明，因此，公理显然是越少越好，越简单明了越好，否则根据这些公理延伸出来的数学世界，很容易出现自相矛盾的情况。

欧几里得的前 5 条一般性公理是显而易见的，但后面 5 条公设则不那么明显，尤其是第五条，我们一起来看看（欧几里得公理仅限于平面几何）。

1. 从任意点到另一点仅可作一条直线。

2. 任意有限直线可沿直线无限延长。

3. 给定任两点，可以一点为圆心，以到另一点的距离为半径作圆。

4. 所有直角都彼此相等。

5. 给定一条直线，通过此直线外的任何一点，有且只有一条直线与之平行。

相对来说，前面 4 条公设还算显而易见，第五条则显得有些奇怪，看上去似乎并不是那么明显。后世对于第五条公设的解说也多种多样，也有很多人换了一种表达方式来阐述这条公设。到了高斯的时代，有很多人对这条公设提出了质疑，高斯本人也做过一些假设。

我们可以做一个实验，假设有 3 根筷子，或者 3 根牙签。

牙签 a 平放在桌子上，牙签 b 与牙签 a 保持垂直，垂直放在桌子上，牙签 a 与牙签 c 不在一个平面内，牙签 c 向下倾斜与牙签 b 相交，牙签 b 与牙签 c 的夹角小于 90°。牙签 b 与牙签 a 的夹角等于 90°，而牙签 b 与牙签 c 的夹角明显小于 90°，两个夹角加起来小于两个直角的和，也就是小于 180°。那么问题来了，如果牙签 a 与牙签 c 无限延伸下去，它俩不会相交。

在平面内，第五条公设是成立的，但它看上去多少有些不对劲，一直让数学家们感到困惑。后人在第五条公设的基础上，开创了非欧几何，罗巴切夫斯基和黎曼成了非欧几何的奠基人。

需要注意的是，非欧几何是对欧几里得几何中的第五条公设进行否定而产生的一种几何体系。欧几里得的第五条公设是关于平行线的公设，即过直线外一点，有且只有一条直线与已知直线平行。然而，在非欧几何中，存在多种不同的平行公设，与欧几里得的第五条公设相矛盾。非欧几何通过否定欧几里得的第五条公设，构建了一套与欧几里得几何完全不同的几何体系。

欧几里得几何与非欧几何是两套不同的体系，这就是说，欧几里得几何并不完美，它仅适用于平面几何，一旦到了立体空间中，欧几里得几何就不再适用了。

既然欧几里得开创的这套几何体系并不完美，那《几何原本》还有什么用呢？它并不是放之四海而皆准的一套理论，科技在发展，时代在进步，人们对数学的理解与认识也在不断提升，《几何原本》是否应该继续享有世人的崇敬呢？

我的回答是："应该！"

欧几里得的《几何原本》不仅包含数学上的讨论，还提供了一套方法论上的范式——它在教人们怎么思考！

毫不夸张地讲，欧几里得在《几何原本》中教你如何用逻辑思考事情，如何从最基本的几个公理出发，一步步建立一个复杂的理论。每一个新的事物，都可以从原有的事物中找到关联。

现在我们遇到一些人，会告诉他，不要信口开河，不要胡言乱语，说话要有根据、讲证据。这一现代社会的共识，或多或少源于欧几里得的《几何原本》。

据说，在 19 世纪的耶鲁大学，大二的学生们在完成数学课程后，会举行一场仪式，这场仪式被称为"埋葬欧几里得"。在仪式的某个节点，班上的每个同学依次用一根烧得通红的铁棒刺穿欧几里得的书本，以象征他已掌握了欧几里得几何学知识。接下来，每个人会轮流拿起这本书在手中停留一会儿，表示他已读懂了欧几里得几何学知识。最后每个人都把书本放在脚下跨过去，表示他可以把欧几里得几何学知识抛到九霄云外了。

数学史家埃里克·坦普尔·贝尔曾说："欧几里得教导我，没有假设就没有证明。因此，在任何论证中，都要先检查其假设。"

在进行证明时，必须明确列出所有假设，并在证明过程中使用这些假设。这样可以确保证明的正确性和严谨性。如果一个假设不成立，那么相应的结论也就无法得出。因此，在进行任何论证或证明时，都应该仔细检查和验证自己所依赖的假设是否成立，以确保推理的准确性和可靠性。这一原则也广泛应用于数学和科学领域的推理和证明过程中。

如今，大部分从事科学研究的人，都将公理化视为必不可少的数学方法。若是人类至今还未掌握公理化这个数学方法，科学的发展可能也是"东一榔头西一棒子"，无法形成系统又自洽的体系，可能时至今日，我们每天都还在重新发明轮子吧！

# 04

## 数学历史上著名的“决斗”

你知道吗？在数学史上，曾发生过几场“决斗”，当然，他们手中的武器既不是真刀真枪，也不是三角尺或圆规等数学用具。相对来说，他们之间的“决斗”更像一场文人之间的决斗，或者说是一场“口水战”，是相对温和的。

有一场“决斗”，与**解方程**有关，确切地说，是与一元三次方程的通用解法有关。

大约 1515 年，意大利博洛尼亚大学（公认的第一所现代意义上的大学）的几何学教授德尔·费罗用代数方法成功解开了不含二次项的一元三次方程，也就是形如“$x^3+mx+n=0$（$m$、$n$ 均为不为 0 的常数，此类方程是不完全三次方程的一种情况）"的方程。德尔·费罗非常兴奋，但他没有将自己的研究成果公之于众，而是将它藏了起来，只传给了两个人——自己的女婿以及弟子菲奥尔。

当时的学术环境不像现在这样尊重知识产权，如果德尔·费罗生活在现代，他大可以将自己的发明或发现公之于众，不出意外的话会获得应有的奖赏与社会认可。但在当时，很可能他前一天刚发表自己的研究成果，第二天就被人剽窃了。

多年之后，另一个意大利人塔尔塔利亚，宣称自己能解不含一次项的一元三次方程，也就是形如"$x^3+mx^2+n=0$（$m$、$n$均为不为 0 的常数）"的方程。"塔尔塔利亚"并非此人的本名，这个词在意大利语中是"结巴"的意思，他的原名是尼科洛·丰坦纳，患有语言障碍症。

在听到塔尔塔利亚的宣言后，菲奥尔就很不服气，在他心中，一元三次方程的解法是自己

的老师德尔·费罗发现的。随后，二人开启了一场大决斗。这种决斗并非一般意义上的决斗，而是数学家式的决斗，互相出题，看谁先被对方出的题难倒。

按照规则，二人互相给对方出 30 道题，限期交卷，谁解出来的题更多，谁就获胜了。失败者要请胜利者吃 30 顿大餐，为胜者庆贺。

最终的结果，是塔尔塔利亚获胜了。获胜之后，他非常高兴，慷慨地取消了菲奥尔的失败者惩罚，这一行为不仅展现了他的宽容大度，也保住了菲奥尔的钱包。

在这之后，塔尔塔利亚也没有发表一元三次方程的解法，但这场数学家之间的决斗，被当时的意大利人热议，在今天就相当于成为热点，占据了新闻头条。不久之后，一个叫卡尔达诺的人前来拜访塔尔塔利亚，并请教他一些数学问题。可能是当时的卡尔达诺无所事事，在听闻了那场世纪大决斗后，顿时来了兴趣，就来拜访塔尔塔利亚，并表示自己正在写一本有关代数的书，希望能够把一元三次方程的解法也写进去，但这个想法遭到了塔尔塔利亚的拒绝。

这并非因为当时的数学家们都很小气，前文说过，当时的知识产权保护制度并不完善，因此，每一个发明或发现大概率都会被其主人保护起来。

后来，在卡尔达诺的不断劝说之下，塔尔塔利亚将一元三次方程的解法告诉了他，但二人也达成了一个协议，这个解法要对外保密。卡尔达诺说："我以我的信仰和绅士的忠诚对你发誓，假如你告诉我这个解法，我不仅绝不发表你的发现，而且，我保证将以密码的方式记录你的发现，以确保我死后也没有人能读得懂。"

在中世纪的欧洲，如果一个人以信仰起誓，那这个起誓就是最严肃的，会被众人认真对待。

卡尔达诺在离开塔尔塔利亚之后，对于数学的研究也没有断过。1543 年，卡尔达诺读到了菲奥尔的一篇公开论文，并在其中发现了塔尔塔利亚并非第一个发现不完全三次方程解法的人。

卡尔达诺顿时觉得自己被欺骗了，心中充满了愤怒。这哪里是什么机密，这个世界上并不是只有塔尔塔利亚一个人知道一元三次方程的解法。

1545 年，卡尔达诺出版了《大术》一书，其中就写了一元三次方程的解法。但他在书中倒是很明白地指出，德尔·费罗和塔尔塔利亚都对这个解法的发现做出了贡献。

《大术》中不仅有一元三次方程的解法，还有一元四次方程的解法，在该书的末尾，卡尔达诺写道："我花了 5 年时间写这本书，希望它能存活数千年。"

塔尔塔利亚看到这本书后，气得暴跳如雷，第二年就发表了文章，称卡尔达诺是一个背信弃义的卑鄙家伙。

卡尔达诺并未积极回应，当时的他已经声名鹊起，但他的徒弟费拉里却很不服气，写信回击。塔尔塔利亚并没有将这个后起之秀放在眼里，他点名要和卡尔达诺决斗。但卡尔达诺一直没有正面回应，反而他的徒弟不断写信回击。

1548 年，塔尔塔利亚家乡的布雷西亚大学给他发了邀请函，给他提供了一份收入不错的教职，但前提条件是，他要前往米兰，与费拉里"决斗"。这件事情的背后是否有卡尔达诺的推波助澜，我们无从知晓。或许是当时的米兰人爱看热闹，眼看要错过这次"决斗"，很不甘心，于是用邀请函的方式逼迫塔尔塔利亚应战。

"决斗"的那天，费拉里带来了很多亲朋好友助阵，而性格孤僻的塔尔塔利亚身边只有哥哥。由于塔尔塔利亚是一个结巴，说话并不利索，因此整场"决斗"，他都处于下风。

想想看，当时的画面应该充满了喜剧色彩，年轻气盛的费拉里在台上妙语连珠，喋喋不休，而塔尔塔利亚却半天说不出一句话来，憋得满脸通红，半天才从嘴里蹦出一句话："你胡说！"

如今，人们在回顾一元三次方程的解法起源时，并没有忘记塔尔塔利亚的贡献，一元三次方程的求根公式，也被称为"卡尔达诺 - 塔尔塔利亚公式"。

一元四次方程也是有求根公式的，但一元五次方程或更高次方程则没有。在 19 世纪，挪威数学家阿贝尔和法国数学家伽罗瓦分别在理论上证明，对于五次及以上的方程，不可能简单地用求根公式给出根式解。

在中学阶段，我们接触到的只有一元二次方程的求根公式。

卡尔达诺的晚年并不幸福，他的大儿子因触犯了法律而被判处了死刑。卡尔达诺在 70 岁的时候，被判为异教徒，他的小儿子不但没有帮忙，反而落井下石，亲自参加了对父亲的审判，导致卡尔达诺在监狱中待了一阵子，并失去了自己的教授职位。

出狱后，卡尔达诺搬到了罗马，并得到了教皇皮乌斯五世的赏识，留在罗马宫廷任职。在这样的情况下，他在自传中预测，自己将在某年某月某日死去。神奇的是，到了那一天，他果然死了。很多人怀疑他是自杀，为的就是符合自己的预言。

卡尔达诺的徒弟费拉里的生活也不怎么好，赢了"决斗"后，他声名鹊起，除了教书，还担任了米兰的税务官。在 41 岁时，他选择了退休，回到家乡佛罗伦萨，准备安度晚年。谁料，刚回家不久，他就突然去世了。

他的老师卡尔达诺表示，费拉里的姐姐在费拉里的葬礼上表现得极为古怪，她继承了弟弟的全部遗产，并在弟弟死后不久就结婚了。她的丈夫在将财产全部转移到自己名下后，便抛弃了费拉里的姐姐，让她死于贫困之中。

而发生在 16 世纪的这两场"决斗"，在数学史中留下了深深的印记，让我们这些后人可以通过这些记录了解到，那个时候的数学家的确是很有意思的。

数学，便在这样一段段有趣的历史中不断发展至今。

# 05

## 对数的痴迷，能够引发危机

在生活中，你肯定听说过"危机"这个词，比如中年危机，相信正在看这本书的你，距离这个危机还有很长一段时间，但写这本书的我，正在一步步迈向这个危机。

除了中年危机，还有经济危机与金融危机，但这些距离你也都太远。让我仔细想一想，可能，考试危机距离你会更近一些吧。

想想看，若是考试没考好，你不仅会面临父母的指责，你的心可能也会告诉你，它现在很痛。更有甚者，还会觉得整个世界都塌了，有一种世界末日逼近的感觉。

在数学史上，也曾发生过危机，而且这样的危机一共发生了 3 次。

无论是你的考试危机，还是我的中年危机，其实只要熬一熬，都能过去。但数学危机，可不是简简单单地熬一熬就能过去的。如果处理不好，那么整个数学大厦都会瞬间崩塌，我们人类发展了几千年的数学文明会出现一个巨大的窟窿。

　　数学史上的第一次危机，发生在古希腊时期，与毕达哥拉斯和他的学派有关。

## 毕达哥拉斯和他的学派

　　毕达哥拉斯是数学史上的一位牛人，我和我的朋友们经常称他为"数学中的战斗机"。他除了是一名数学家，还是一名哲学家。他是一个很古怪的人——他相信"灵魂说"，甚至认为灵魂会转世。比如有一次他看到一个人在打一条狗，就立即上去制止了这种行为，并说："请停下来，我从这条狗的叫声中听出了我以前一个朋友的声音。"

　　毕达哥拉斯似乎天生就是一个爱流浪的人，他出生于萨摩斯岛，这个岛位于爱琴海，距离米利都仅一箭之遥。我们有理由相信，毕达哥拉斯在自己的家乡度过了童年时光。

　　有传言称，毕达哥拉斯是阿波罗的儿子，据说他的大腿是金子，闪闪发光，而且他是一个素食主义者。我们现在知道毕达哥拉斯，源于他在数学上的贡献，可是在当时，他声名在外的主要原因是他是一个传奇人物。

毕达哥拉斯

毕达哥拉斯长大后，前往米利都留学，哲学之父泰勒斯在米利都生活，但泰勒斯以自己年龄太大为由，拒绝收毕达哥拉斯为徒，后来毕达哥拉斯前往古埃及，在那里待了10年之久，学习了古埃及人的数学知识。

在埃及逗留期间，恰逢波斯入侵，波斯人看着毕达哥拉斯这个希腊人，虽然没有为难他，但将他抓到了古巴比伦。自此之后，毕达哥拉斯又在古巴比伦逗留了近5年。

幸运的是，毕达哥拉斯的身体素质可能还不错，一路辗转也没有一命呜呼。

在当时，古埃及人和古巴比伦人在数学上的造诣处于世界领先地位。古埃及人的数学侧重实用，他们学习数学一般都是为了实际的用途，比如建造金字塔。一位英国史学家说："埃及人是一个建筑的民族。"相对来讲，古巴比伦人对数学的研究就抽象了一些，古希腊的黄道十二宫就来源于古巴比伦，古巴比伦人更倾向于仰望星空，他们的数学侧重思辨。

在外游历了小半辈子，当毕达哥拉斯学成归来回到家乡后，他本以为自己会成为"全村最靓的仔"，毕竟自己在古埃及和古巴比伦都待过，相当于今天从牛津毕业后又从哈佛毕业。可没想到，家乡人太保守了，接受不了毕达哥拉斯的理论，甚至还有人将他当成了疯子。

不过据说在家乡，毕达哥拉斯有了他的第一个学生，历史学家认为毕达哥拉斯的第一个学生也叫毕达哥拉斯，我们姑且称他为"小毕"，他可能是毕达哥拉斯的亲戚。有意思的是，小毕是毕达哥拉斯自己花钱买来的学生。我们知道，一般是老师给学生上课，学生付钱给老师，而毕达哥拉斯则是反过来的，他不仅要给学生上课，上完课还要付钱给学生，据说一节课要付给小毕 3 个银币。

过了一段时间，毕达哥拉斯注意到，小毕已经将学习从外驱动转为内驱动，于是他说自己已经没钱支付学费了，因此课程只能停止。而小毕表示：学习使我快乐，我热爱学习，不给我钱也无所谓。

可是，除了小毕，毕达哥拉斯就算是花钱也买不到任何学生了。万般无奈之下，毕达哥拉斯再一次离开了家乡，前往意大利南部的移民城市克罗托内。移民城市，相对来讲更开放一些，也更容易接受一些新奇的观念与想法。

到了新的家园后，毕达哥拉斯开始有了自己的追随者，不再需要花钱买学生了，于是他一改往日的阴郁，在当地落户安家，并建立了属于自己的学派"毕达哥拉斯学派"。学派内部讲究平等，还招收了不少女学生。

毕达哥拉斯的数学倾向于古巴比伦人的数学，似乎他不愿回想起在古埃及的那 10 年岁月。比如他认为"形式"比"质料"更重要，而且人都是先认识"形式"而后再认识"质料"的。

这是什么意思呢？以集合与个体为例，我这个人是一个个体，而人类则是一个抽象的名词概念。举个例子，我走在大街上，可能我今天碰到的人，我一个也不认识，但我知道，他们是人类中的一员，不需要怀疑。虽然我之前从没见过他们，也没有人告诉我，他们是和我一样的人类。

这是因为，我已经认识了"人类"这个抽象名词，这就是"形式"。

毕达哥拉斯是第一个系统地研究"数"的人，当泰勒斯认为这个世界由水构成的时候，曾经被泰勒斯拒之门外的毕达哥拉斯唱起了不同论调。他认为，这个世界是由数构成的。他意识到从音乐的和声到行星的轨道，一切事物中皆藏有数。比如，他认为，数是万物之源，"1"是数的第一原则，万物之母，也是智慧；"2"是对立和否定的原则，是意见；"3"是万物的形体和形式；"4"是正义，是宇宙创造者的象征；"5"是奇数和偶数，雄性与雌性的结合，也是婚姻；"6"是神的生命，是灵魂；"7"是机会；"8"是和谐，也是爱情和友谊；"9"是理性和强大；"10"包容了一切数目，是完满和美好。

毕达哥拉斯建立的学派非常神秘，外面的人几乎都不知道学派在研究什么，而且学派内部研究的数学题都是保密的。学派成员有很多禁忌，比如不能吃豆子，东西掉了不要捡起来等。最重要的是，成为毕达哥拉斯的学生，是一件很痛苦的事，因为 5 年之内不能说话，要保持沉默，专心听课，所以，毕达哥拉斯的学生几乎没有话痨，话痨也不可能成为他的学生。话痨容易说漏嘴，泄露学派的秘密，一不小心将毕氏定理告诉了外面的人，就不好了。

毕氏定理是毕达哥拉斯一生中最重要的成就，他在逻辑上证明了直角三角形的一个永恒不变的性质，即"在直角三角形中，斜边的平方等于直角边的平方之和"，这个性质适用于一切直角三角形，当然，是在平面几何内。毕氏定理并非来自简简单单的归纳，而是来自演绎，因此可以从个别推及整体。

毕达哥拉斯自己也为他发现的这个定理感到兴奋，以至于他破戒了，举办了一次盛大的百牛大祭，杀了一百头牛用来祭祀，要知道，他以前一直都是一个素食主义者。祭祀仪式完成后，他还发表了一段"获奖感言"，他真诚地感谢了缪斯女神。缪斯女神是古希腊神话中主管艺术与科学的 9 位古老文艺女神的总称，是古希腊人的灵感之源。无论是哪一个古希腊人，只要有了重大发现，或创造出了伟大作品，都会感谢缪斯女神带给他们的灵感。

# 无理数引发的数学危机

毕达哥拉斯学派相信，通过研究数与数之间的关系，他们能够揭示宇宙的秘密，他们认为世间所有的数都可以转换成两个整数之比，如今这些数被称为"有理数"，或许我们可以戏称这些数是"讲道理"的。

那么这个世界上有没有不讲道理的数呢？有！那就是无理数。如今我们对无理数的定义是，无理数是不能写成两个整数之比的数。

举个例子，比如 0.38，可以写成 38∶100；又如 0.345，可以写成 345 和 1000 之比，它们都是有理数。而无理数就不行，比如 $\pi$，比如 $\sqrt{2}$。

毕达哥拉斯学派中有一个学生叫希帕索斯，他就提出了，一个边长为 1 的正方形，它的对角线的长是多少呢？

现在我们可以非常方便地计算出它的数值，是 $\sqrt{2}$，但在当时，并没有 $\sqrt{2}$ 的概念，也没有无理数的概念。希帕索斯的这一疑问，无疑给毕达哥拉斯的世界观造成了剧烈的冲击，也引发了数学史上的第一次危机。于是，希帕索斯被学派成员扔进海里淹死了。

虽然提出问题的人被解决了，但这个问题不会随着希帕索斯的死亡而终结。

无理数的出现，几乎摧毁了毕达哥拉斯建立的数学大厦。在很长的一段时间里，人们对无理数视而不见，甚至将其当作荒谬的存在。

大约 200 年后，古希腊又出现了一个数学家，叫欧多克索斯，他曾在柏拉图学园中学习，他在数学上的贡献便是构建了一个比例的世界。

虽然他的著作大都已经失传，但我们可以从古希腊数学的集大成者《几何原本》中回溯他的理论，因为这本书保留了欧多克索斯的比例论。欧多克索斯的比例论，为无理数提供了逻辑基础。众所周知，西方人在数学上很认死理，因此如果一个数在逻辑上说不通，那么就很难被广泛接受。欧多克索斯在公元前就已经给无理数提供了逻辑基础，因此无理数在 15、16 世纪的欧洲就已被广泛接受。

不过，在很长的一段时间里，还是有许多人对无理数持保留意见。比如帕斯卡就认为，像这样的数只能作为几何上的量来理解。它能被用来计算，但要以欧几里得关于量的理论作为逻辑依据。就连伟大的科学家牛顿也认同这种观点。

这种情况一直持续到 19 世纪下半叶，当时的欧洲数学家重新建构了数学大厦，对几乎所有数学领域都进行了公理化，无理数才算是真正被认可。

# 06

## 无穷是什么：
## 第二次数学危机

周星驰主演的《大话西游》是一部很经典的电影，里面的主人公至尊宝说过一段让无数人为之动容的台词："曾经有一份真诚的爱情放在我面前，我没有珍惜，等我失去的时候才后悔莫及，人世间最痛苦的事莫过于此。如果上天能够给我一个再来一次的机会，我会对那个女孩子说3个字："我爱你。如果非要在这份爱上加上一个期限，我希望是一万年！"

一万年，看上去好像很久远，我们人类的文明史都还没满一万年呢。

但仔细一想，在数学中，比"万"要大的数还有很多，比如"十万""百万""千万""亿""兆"……

换句话讲，如果要写一个最大的数，我们可以无限写下去，写到天荒地老也写不完。要写一个最小的数，我们同样写到天荒地老也写不完。

在数学中，为了避免出现这样的尴尬，我们便用"无穷"来指代那些没有边界的数学概念，它的符号是一个躺着的"8"——∞。有一点需要注意，无穷并不是一个具体的数，而是一个数学概念。

有意思的是，无穷还引发了数学史上的第二次危机，这次危机既与牛顿和贝克莱有关，也与微积分有关。

## 微积分与无穷

牛顿不仅是一位出色的物理学家，还是一名成就非凡的数学家。用他自己的话来讲，他是站在巨人肩膀上的人。他从法国数学家笛卡尔那里学习了解析几何，从德国天文学家开普勒那里学习了行星运转轨道。根据开普勒的三大定律，牛顿发现了自己的三大运动定律，其中牛顿第二运动定律是有关变量的问题，和变化率有关。

变化率让牛顿感到好奇，我们都知道，在物理学中，动

量等于物体的质量乘速度。如果一个人的质量是 50kg，奔跑的速度是 6m/s，那么他的动量就是 300kg·m/s。

要考虑动量的变化，就要回到速度的变化，而速度是位移对时间的变化率。牛顿找到了解开这一谜题的线索，不管质点的运动有多么不规律，只要运用微分进行处理，就会变得异常清晰。

由变化率产生的另一个问题又使牛顿找到了另一个线索，也就是积分。怎样计算一个速度每时每刻都在变化的运动的质点在给定的时间内跑过的全部距离呢？在牛顿解答这类问题时，积分学诞生了。

微分和积分融合在一起，就是微积分，在牛顿手稿中被称为"流数"，借助这个合二为一的新工具，牛顿后来发现了万有引力定律。

函数这个词最早是由德国数学家莱布尼茨引入的。我们假设一个 $y$ 与 $x$ 的函数，形如 $y=f(x)$，那么 $y$ 相对于 $x$ 的变化率，就是 $y$ 相对于 $x$ 的导数，这是怎么下定义的呢？

我们假设，给 $x$ 一个增量 $\Delta x$，使 $x=\Delta x+x$，而 $y$ 就成了 $f(\Delta x+x)$。随着 $x$ 的变化，$y$ 也跟着变化，$y$ 的增量就是 $\Delta y$，

是 $y$ 的新值减去原来的值，即 $\Delta y=f(x+\Delta x)-f(x)$。

我们取 $y$ 的增量与 $x$ 的增量相除的结果，也就是 $\Delta y/\Delta x$，作为 $y$ 相对于 $x$ 的变化率的粗略近似。

但这显然很粗糙，很多聪明的读者很快就能意识到这里面有问题，如果我们令 $\Delta x$ 无限减少，趋近于 0，在这个过程中，$\Delta y$ 也会不断减少，最终趋近于 0。但有意思的是，$\Delta y/\Delta x$ 的比值不可能趋于 0，而是有一个确定的极限值，它就是 $y$ 相对于 $x$ 的变化率。

在牛顿生活的年代，除了他与莱布尼茨，仅在英格兰、苏格兰和爱尔兰，就有许多人才，可谓是人才辈出。比如，哲学史上的经验主义三杰——约翰·洛克、乔治·贝克莱与大卫·休谟；在苏格兰启蒙运动过程中，还有亚当·斯密、弗朗西斯·哈奇森与亚当·弗格森。

## 贝克莱的质疑

贝克莱是一名主教，很多人对他几乎没有什么印象，主要原因可能是他是一名宗教人士，而宗教在某些时候是愚昧与落后的代表。但贝克莱不一样，他可聪明了，是一个可以跟牛顿一较高下的哲学家和数学家。

贝克莱敏锐地发现，牛顿并没有给无穷小一个清晰的定义，因此造成了一个尴尬混乱的局面。

比如我们想计算一辆车的行驶速度，平均速度很好计算，车子行驶过的路程除以行驶过程中所用的时间就是车子的平均速度，但是瞬时速度呢？我们要去求无穷小时间内的平均速度，它约等于瞬时速度。那么问题来了，这个无穷小的时间可以为 0 吗？

牛顿曾对无穷小给出 3 种不同的解释，1669 年说它是一个常量；1671 年说它是一个趋于 0 的变量；1676 年又说它是"两个正在消逝的量的最终比"。因此，贝克莱问牛顿，这个无穷小可以是 0 吗？如果可以，它又怎么能作为分母呢？要知道，分母是不能为 0 的；如果不可以，那这个平均速度还是瞬时速度吗？严格意义上讲，约等于并非等于。

对于贝克莱提出的质疑，牛顿不知道该如何回答，莱布尼茨对此也束手无策，这就引发了数学史上的第二次危机，简而言之就是"一个无穷小带来的危机"。这场危机，历经好几代人的努力，最终由柯西在 1821 年的《代数分析教程》中平息了。他从定义变量出发，认识到函数不一定要有解析表达式；他抓住了极限的概念，指出无穷小和无穷大都不是固定的量而是变量，无穷小是以 0 为极限的变量。简而言之，无穷小并不是一个具体的数值，而是一个变量。

微积分的大厦被贝克莱撞了一下，摇摇欲坠，直到柯西时代，才趋于稳固。

在高斯、柯西等人的努力下，微积分的大厦逐渐稳固，最终给微积分大厦封顶的人，是来自德国的数学家魏尔斯特拉斯。他给出了极限的严格定义。

第二次数学危机得到彻底解决。如今我们学习的微积分，都是魏尔斯特拉斯以 $\varepsilon-\delta$ 语言为基础建立的。

微积分的精髓之一就是，增量无限趋近于 0，割线无限趋近于切线，曲线无限趋近于直线，从而以直代曲，以线性化的方法解决非线性问题。因此，当我们回顾这段历史的时候，不要忘了，罗马非一日建成，微积分的大厦是在数百位数学家（这个数字一点都不夸张）的努力之下才得以稳固的。

我们中国古代也有很多才华不亚于欧洲数学家的数学天才，比如祖冲之、刘徽、贾宪等，但中国的数学家太孤独了，往往都是独自一人在研究，可能在他死后没有人来继承他的数学遗产，甚至后人还在重新发明轮子。

欧洲的数学家几乎都是成批出现的，尤其是在 18 世纪和 19 世纪，他们互相点亮，互相继承，在很大程度上避免了闭门造车、重新发明轮子的窘境。

这也印证了我们古人的一句话"独学而无友，则孤陋而寡闻"。

因此，三人行必有我师，千万别独自一人学习。

# 07

## 理发师悖论：
## 第三次数学危机

请试着想一想，在你的生活半径里，只有一家理发店，这家理发店的老板在店门口挂了一个牌子，上面写道：我必须且只给那些不给自己理发的人理发。

请问，他要给自己理发吗？

这并不是一个脑筋急转弯问题，而是一个严谨的数学问题，和集合论有关。

无论你回答"要"还是"不要"，都似乎不对。如果回答"要"，那就是说他已经给自己理发了，因此他就不能给自己理发；如果回答"不要"，那他就要给自己理发，但是前提是不要给自己理发。

似乎，此题无解。

## 集合引发的理发师悖论

这就是引发数学史上第三次危机的"理发师悖论"，由英国数学家伯特兰·阿瑟·威廉·罗素在一封写给格奥尔格·康托尔的信中提出。

用数学的集合语言来表述一下，这个悖论的意思是假设集合 S 是由一切不属于自身的集合所组成的，那么问题就来了，S 包含于 S 是否成立呢？

无论你的回答是成立还是不成立，就像那个理发师的话一样，都是一个悖论。

当时，集合论这个数学史上的新鲜事物刚刚诞生，按照康托尔之前的定义，S 应该包含 S，但是罗素的"理发

师悖论"被提出来后，S 似乎又不包含 S，这就引发了矛盾。换句话讲，在集合论中，如果一个集合包含了自身，就会引起矛盾。

在数学的广阔领域中，我们经常会遇到一些复杂且难以理解的定义，这些定义往往需要深入的思考和精确的推理才能完全理解。然而，集合这个概念却并不属于这些定义。集合是数学中的一个基本概念，它是对一组特定元素的总称。简单来说，集合就是由一些元素组成的整体。

这个定义可能看起来非常简单，甚至可以说得上简明扼要。但是，正是这样一个看似简单的定义，对数学的发展却产生了深远的影响。

第三次数学危机无疑是最凶险的一次数学危机，它发生的时间距离我们很近，如果这个问题解决不了，那么数学存在的意义都可能会被全盘否定。

于是，一群数学家投入其中，他们试图去挽救自己热爱的数学世界，开始从根本上解决这个问题，试图更新集合论的基础，规范出一个严格且不自相矛盾的集合论出来，这个过程也被称为公理化集合论的过程。

公理化是一种数学方法，旨在通过一系列基本公理来建立严密的逻辑体系。就像欧几里得的《几何原本》中那 5 条公理一样，从尽量少的基本概念、基本命题出发，且无法证明与证伪。

公理化集合论的目标是建立一个严谨的集合论体系，以消除之前集合论中的悖论和矛盾。经过多年的努力和研究，在 30 多年后，集合论的公理化大厦才在各位数学家的共同努力下稳固下来。然而，随着集合论的进一步发展，又出现了新的挑战。

## 新的危机

这个挑战，来自更深层次的矛盾。

在那个时代，数学家们对自己构建的数学世界无比自信，因为数学是一门源于理性推理的学科。绝大多数人对数学保持着非常乐观的态度，其中最具代表性的是德国数学家戴维·希尔伯特。他对数学有着坚定的信念，这个坚定的信念是，数学与逻辑都能用一种符号语言表示出来，这种符号语言不是一般意义上的语言，而是数学语言。从内部看，它就是数学，每一步推理都有迹可循，被梳理得明明白白，没有任何歧义；从外部看，可以在不考虑任何意义的情况下对它进行处理。举个例子，比如"发与啊额看"这句话在中文里就是一句废话，这是我瞎打的，它毫无意义。现实中的语言，我们要考虑其意义，比如"我昨天在印度的纽约"，这句话也没有意义，它是错的，纽约根本不在印度，而在美国。但对于数学语言，我们可以不必考虑其意义，只要能在数学的框架下被推导出来，它就是存在的，我们也应该将它视为存在。

我们可以将希尔伯特的工作视为一种终极的公理化，他从最初的 5 个公理出发，推导出来的整个数学世界，必然是没有矛盾的。1930 年，当希尔伯特临近退休时，他应邀在德国科学家和医生协会的会议上做了一场特殊的演讲，演讲的主题是：自然科学与逻辑。他依然带着他的那份乐观，坚定地说不存在解决不了的问题。在演讲的最后，他喊出了他的口号："我们必须知道！我们将会知道！"

然而，他的这份乐观与信心在不久之后便被来自奥地利的数学家库尔特·哥德尔所击碎。

## 数学是完备的吗

在数学的世界中，有人认为，数学是客观存在的，也有人认为，数学是主观创造的。

哥德尔认为，数学是客观存在的，比如他相信集合是客观存在的，除了集合，还有一个一样是客观的"集合"的概念。这个概念与集合或时空中的物体一样，是独立于我们的存在。也就是说，数学世界并不是我们想象并构造的一个主观世界，而是一个客观的、不因任何人的意志而转移的世界。

在 1951 年前后，哥德尔曾批评过主观创造论，他的理由是，如果数学是我们创造出来的，那么我们应该能够完全或近乎完全地了解数学，但很显然，我们并不能完全了解数学，在数学中还有很多我们并未证明或证伪的猜想存在。同时，他也反对数学是一种语言的约定这类观点。

如果数学是一种语言的约定，那么我们就得保证语言规则是一致的，但由哥德尔不完备性定理可知，证明一些数学语言规则的一致性需要用超出这些语言规则的数学，因此，我们无法保证数学的语言规则是一致的，除非我们引入另一种语言。

简单解释一下"哥德尔不完备性定理"，在一个数学体系内部，总存在一个在此体系中不能被证明的陈述，尽管该陈述的真实性是显而易见的。除此之外，如果一个数学体系是相容的，则这个相容性不能在该体系内部被证明。

或许你曾听说过物理学中的量子力学，来自德国的物理学家沃纳·海森堡是量子力学的创始人之一，他曾提出"不确定性原理"。这个原理简而言之就是，对于一个粒子，我们不可能同时精确地知道它的动量与位置。如果我们越精确地知道它的位置，我们对它的动量就知道得越不精确。同理，如果我们对它的动量知道得越精确，我们就对它的位置知道得越不精确。

哥德尔不完备性定理也与其类似，对于一个数学体系，它要么是不完备却不矛盾的，要么是完备却会带来矛盾的。正如孟子所言："鱼与熊掌不可兼得。"

举个形象的例子，如果把"这个陈述是不可被证明的"当成一个数学体系内的命题，现在我们动手去证明这个命题，而且最终我们做到了，那么这就与原命题相悖，因为原命题是"这个陈述是不可被证明的"。也就是说，我们通过证明原命题得出了原命题为假的结果。如果我们动手去证明了，却没有得出任何结果或证伪了，则恰恰又证明了原命题"这个陈述是不可被证明的"为真。

这既像是罗素悖论，又像是从古希腊就开始流传的"说谎者悖论"，"我在说谎"这句话无论怎么看都是一个悖论。

哥德尔不完备性定理给当时的数学家和逻辑学家带来了剧烈的冲击。数学家们一直相信，每个可以准确清晰表达的数学命题迟早都可以通过数学的演绎推理方法证明其真伪，只是要看谁有这样的聪慧和机遇。

数学史上的第三次危机，到了今天还没被彻底解除。数学家们任重而道远。

至于第四次数学危机，我希望它不要到来，但我知道，在我们人类发展的过程中，这种危机是无法避免的，每一次危机实际上也是一次机遇，无论是我们的文明还是科学，都是在一次又一次的危机中寻找到新的发展路线，进而延伸出更庞大的体系的。

借用希尔伯特的口吻说一句："它终会到来。"

# 08

## 怪异的集合论

数学，究竟是什么？或许，大部分人会觉得数学是和自己无关的东西。

若真是如此，那我们几乎很难去解释，为什么人类中的那些佼佼者会前仆后继地投身于数学，有些还为此搭上了自己的一生。

数学对绝大多数人来说，都是难以理解的。如果你要问我数学究竟是什么，或许这个问题对我来说就像是德国哲学家康德口中的物自体，属于不可知论的范畴。但是，通过了解一个个鲜活的数学家与一段段数学史，我们可以间接地了解数学，这已经足够了，不是吗？

# 康托尔与集合论

格奥尔格·康托尔于 1845 年 3 月 3 日在圣彼得堡出生，虽然他是德国人，但在他还没出生的时候，他的父亲就从丹麦移居到了俄国。

康托尔在 15 岁以前就发挥了他的数学才能，在柏林上大学期间，他认识了库默尔和克罗内克。1867 年，他获得了博士学位，他的论文是讨论高斯留下的关于不定方程 $ax^2+by^2+cz^2=0$ 的 $x$、$y$、$z$ 整数解的难点，其中，$a$、$b$、$c$ 是任意已知数。

1874 年，康托尔发表了第一篇关于集合论的论文，而这一年，也是他与妻子的大喜之年，他们结婚了。

集合论，这个匪夷所思的新鲜事物，就这样在数学世界出现了。

首先我们得回过头来看一下无穷。无穷包含了两个方面，一方面是无穷大，另一方面就是无穷小。高斯是一个非常恐惧无穷的人，他甚至反对将无穷当成一个实体来使用，他自己从不在数学中使用无穷。

无穷小还曾引发了数学史上的第二次危机，那还是在牛顿 - 莱布尼茨时代，后来经过一代又一代人的努力，这个危机终于被魏尔斯特拉斯解除了。就此，无穷小的问题解决了，那么，无穷大又该怎么解决呢？

实际上，无穷小、无穷大与连续性这 3 个数学难题，最早是由古希腊哲学家芝诺提出的。而无穷大这个问题，最终由康托尔解决。

首先我们思考一下，正整数与实数，是否可以在数轴上形成一一对应的关系呢？或者换句话讲，它俩哪个大呢？

在一般人眼里，正整数是无穷的，实数也是无穷的，但这种无穷让人头脑一片空白。我将答案告诉大家，它们不是一一对应的，正整数是可数的，实数是不可数的。

你可能有疑惑了，实数是不可数的，这个可以理解，正整数怎么可能是可数的呢？

别急，先让我把话说完。我先来解释，什么叫作可数，什么叫作不可数。比如，你问我，你们学校有多少名同学？我跟你说，你去猜吧，然后你从 1 个开始猜，一直往下猜，1 个，2 个，3 个……1001 个，最终会猜到，而且，你只要按照自然数的顺序猜下去，肯定不会漏掉任何一种可能性。毕竟，学校里总不可能有 1.5 个学生，或者 $\sqrt{7}$ 个学生吧。

或者，你问我，这个宇宙中有多少颗恒星？我还是让你去猜，你从 1 颗开始猜，可能猜到几百万颗，甚至几千万颗，但只要按照自然数的顺序猜下去，你肯定能在某一时刻猜到，而且不会漏掉任何一种可能性，毕竟，宇宙中总不可能有 1.7 颗恒星或者 $\sqrt{2}$ 颗恒星吧。

以上两个例子，虽然在可能性上都是无穷的，但都是可数的，可以一个个数过去。

再比如，我问你，我现在心中想了一个数，你猜一下。这个时候你就茫然无措了。

这怎么猜？你先猜 0，我说不对，顺便告诉你，这个数比 0 大，然后你是猜 1，还是猜 0.1，还是 0.01，还是 0.001？你心里一点儿把握都没有。

这就是不可数。其实用反证法就可以证明实数是不可数的了。人们发现，在实数中，不可数部分要多于可数部分。那么问题来了，这些不可数部分与可数部分相比，占比是多少呢？比如，在实数中，可数部分占 30%，不可数部分占 70%，如果这个比值可以算出来，那么可数部分实际占比是多少呢？

答案是无穷大，也就是说，可数部分的占比几乎为 0。这也意味着，尽管实数和整数都是无穷多的，但是实数的无穷多要比整数的无穷多还要多得多。

整数有无穷多个，把它看成一个集合，那么它就是一个无穷集合，而实数是一个比整数多了无数倍的无穷集合。或者可以说，整数和实数都是无穷多，但实数的无穷多比整数的无穷多更多，康托尔将这种多的程度称为无穷集合的"势"。

之后，康托尔一直思考，如果将自然数集合当作势最小的无穷集合，实数集合的势肯定比自然数集合的势大，那么存不存在另外一些集合，它的势处于二者之间呢？

这已经不是单纯地比大小了。

## 什么是一一对应

先将这个问题暂停一下，思考一下，奇数和偶数哪个多呢？你想了一会儿，不确定地说："一样多吧……"很好，那我再问你，整数和偶数哪个多呢？

你刚刚那个回答完全是凭直觉猜的，在得到我的肯定后，你似乎自信起来了，你想，整数里面包含奇数和偶数，现在问整数和偶数哪个多？那肯定整数多呀。这还用问吗？

很遗憾，你错了，在集合论中，偶数和整数一样多，任何一个偶数都能对应一个整数的数字，只不过它们是二倍的关系。偶数是无穷多的，总是能以一一对应的二倍整数写下去，这种一一对应关系保证了偶数和整数一样多。

再思考一下，一条线上的所有点和一个平面上的所有点，哪个多呢？不敢回答了吧？告诉你，一样多，甚至，一条线上的所有点和一个三维空间中的所有点是一样多的。

地球上的所有点和月球上的所有点，也是一样多的，尽管地球比月球大了很多。康托尔证明了，任何线段，无论多么短，都包含着与无限长的直线同样多的点。

想必你现在一定很惊讶吧。让我们回到前文提出的问题，如果将自然数的集合当作势最小的无穷集合，实数集合的势肯定比自然数集合的势大，那么存不存在另外一些集合，它的势处于二者之间呢？

康托尔给无穷集合本身下了一个定义，即如果一个集合能够找出一种对应关系，让它能和它的一部分构成一一对应，那么这个集合就是无穷的，这个定义奠定了整个集合论的基础。至少在逻辑上，无穷被严格定义下来了。那么我们怎么理解这个定义呢？比如偶数的集合，我们可以用"$2n$，且 $n$ 是大于等于 1 的正整数"来表示，这就构成了一个一一对应的关系，因此，偶数是无穷的。

康托尔一心一意投入集合论大厦的建构之中，他在 40 岁的时候，出版了《一般集合论基础》。果不其然，当时几乎所有数学家都在抨击康托尔，甚至连康托尔的老师都将他当成了一个精神病。

提出了庞加莱猜想的庞加莱说："应该把集合论当作一个有趣的病理现象来研究。"就连康托尔之前的导师克罗内克，也在不遗余力地向学生们批评康托尔，但他的批评只是众多反对声音中的一小部分。

人们认为康托尔将数学带到了精神病院，可没想到的是，最后被带到精神病院的，反而是康托尔。

自己辛辛苦苦研究出来的成果，被几乎所有人视为异端，康托尔因此受到了巨大的精神压力。从 1884 年开始，一直到 1918 年去世，康托尔一直分不清幻觉和现实，一直在清醒和精神崩溃之间徘徊，他变得极度沮丧。

在这期间，只有戴德金这个似乎已经隐居的人，还对康托尔保有同情之心，两人还写了不少信给对方。

除他之外，那个对数学世界抱着无比坚定信念的希尔伯特对康托尔也有过高度评价，他说康托尔的集合论是数学天才最优秀的作品，他的研究是最伟大的工作。

# 09

## 历史上最让人头疼的数学家

请试着想象一下，如果你的父亲创办了一家小企业，可以保证你一辈子衣食无忧，你还拥有一份稳定且轻闲的工作。你生活优渥，从不会为了生计发愁。

那么请问，现在的你，在工作之余，想做些什么呢？

也许，你会在闲暇之余环游世界，或者和我一样，在看书的同时也写几本科普书，传播有趣且好玩的知识。

## 悠闲的业余数学家之王

在数学史上，有一位数学家的父亲是当地小有名气的皮革商人，并且他自己的工作也比较轻闲。他在闲暇之余，研究起了数学，竟然还研究出了一个"费马大定理"，足足让后世头疼了300多年。

他就是费马，法国数学家，被人们称为"业余数学家之王"。

在费马活着的时候，几乎没有人知道他在干什么，但可以肯定的是，他总是让人头疼。在1629年之前，他就自己重写了公元前3世纪古希腊几何学家阿波罗尼奥斯的《平面轨迹》一书。他用代数方法对阿波罗尼奥斯的一些关于轨迹的失传的证明做了补充，对古希腊几何学，尤其是阿波罗尼奥斯圆锥曲线论进行了总结和整理，对曲线做了一般研究，并于1630年用拉丁文撰写了仅有8页的论文《平面与立体轨迹引论》。

解析几何由笛卡尔发明，但是从一些费马与他的数学朋友的书信中，我们有理由相信，他和笛卡尔共同发明了解析几何。

早在牛顿和莱布尼茨之前，就有很多数学家对微积分的诞生做出了贡献，费马就是其中之一，他发现了求切线、求极大值和极小值以及定积分方法。

费马

1621 年，费马在巴黎买到了丢番图的《算术》一书，他利用业余时间深入研读了此书，开创了数论这个数学上的独立分支。

在研究数学的时候，费马提出了两大猜想，因为这些猜想已经被证明了，所以现在被称为费马大定理和费马小定理（否则就成了费马大猜想和费马小猜想了）。

## 费马小定理

费马小定理说的是：如果 $n$ 是任意正整数，$p$ 是任一质数，那么 $n$ 的 $p$ 次方减去 $n$，可以被 $p$ 整除。这里说明一下，质数指的是一个数只能被其本身和 1 整除，也被称为素数。

举几个例子，比如我们取 $p=3$，$n=6$，则 6 的 3 次方减去 6，为 210，而 210 可以被 3 整除。再如，我们取 $p=11$，$n=2$，则

2 的 11 次方减去 2，为 2046，2046=11×186，可以被 11 整除。

费马在一封信中写下了这个定理，但一如既往地，他没有给出证明方法，只是在信中说："如果不是这个证明过程太长的话，我就邮寄给你了。"

真是让人头疼，这就好比直接给了你一道数学题的答案，却不给你解题过程。

费马小定理的第一个证明是莱布尼茨给出的，但第一个公开自己对费马小定理的证明的数学家是欧拉，他为了证明费马小定理前前后后花了 7 年的时间。

实际上，在费马的一些手稿中，人们发现了一些蛛丝马迹，费马确实描述了一种更为简便的方法，被称为"无穷递降法"。

在证明这个小定理之前，我们先来做一些准备工作。

如果一个质数 $p$ 能够整除"$a×b×c×d$……"，那么 $p$ 就一定能够整除 $a$、$b$、$c$、$d$……这些因数中的至少一个。这实际上已经在 2000 多年前就被欧几里得证明了（要注意的是，$p$ 是质数）。

接下来，我们来看二项式，直接给结论，$p$ 可以整除 $(n+1)^p-(n^p+1)$，这个二项式可以在牛顿那里找到证明方法。（其中，$p$ 是质数，$n$ 是正整数，下面一样）

同样的，$p$ 也可以整除 $(n+1)^p-(n+1)$。

让我们回到费马小定理，"如果 $n$ 是任意正整数，$p$ 是任一质数，那么 $n$ 的 $p$ 次方减去 $n$，可以被 $p$ 整除"，实际上，这等价于求证 "$p$ 是 $n^p-n$ 的一个因数"。

最简单的办法是用代入法，当 $n=1$ 时，就变成了 "$1^p-1$"，1 的任何次方都是 1，1-1=0，$p$ 当然可以整除 0，实际上，任何正整数都可以整除 0。

现在，我们已经证明了 $p$ 是 "$1^p-1$" 的因数，用上面那个定理 $(n+1)^p-(n+1)$，我们可以得到 $(1+1)^p-(1+1)$ 能被 $p$ 整除，这也就是 $2^p-2$。以此类推，当 $n=3$、4、5…的时候，定理同样成立。

如此，费马小定理被证明了！

## 两个猜想，一个被证伪，一个被证明

费马还有过一个猜想，他声称自己发现了一个始终能生成质数的公式，这个公式初看比较复杂，涉及次方上面还有次方，我们令 $m=2^n$，那么费马认为，$p=2^m+1$ 都是质数。

显然，当 $n$ 取前几个正整数的时候，费马的这个公式是对的。比如，当 $n=1$ 时，$m=2$，$p=5$，很明显，5 是质数。当 $n=2$ 时，$m=4$，$p=17$，也是质数。当 $n=3$ 的时候，$m=8$，$p=257$，也是质数，当 $n=4$ 时，$p=65537$，也是质数。

但是当 $n=5$ 的时候，$p$ 就是一个巨大的数，$p=4294967297$，在不借助计算机的情况下，一般人可能很难知道它是不是质数。

1732 年，欧拉证明了，当 $n=5$ 时，$p$ 不是一个质数，它可以分解成两个因数的乘积，4294967297 可以被 641 整除。有意思的是，欧拉用的正是费马小定理证明了费马的这个关于质数的猜想。

当 $n=6$、7、8 时，$p$ 也不是质数了，只不过 $n$ 越大，$p$ 就越大。

欧拉比费马晚出生了一个世纪，在这一个世纪中，无人敢挑战费马的各种猜想，主要原因是计算量太庞大了，而欧拉恰好是一个心算很厉害的人。

欧拉还证明了费马的另一个猜想，某些质数可以写成两个数的平方和（即费马平方和定理）。我们都知道，除 2 以外，其余的质数都是奇数，因为任何偶数都可以被 2 整除，所以就不符合质数的标准了。如果我们用 4 去除以一个大于 4 的奇数，那么余数要么是 1，要么是 3。换句话讲，如果 $p$ 是大于 2 的素数，那么我们可以得到 $p=4k+1$ 或 $p=4k+3$，其中，$k$ 是正整数。

在 1640 年左右，费马猜想，对于前者，$p=4k+1$，它能以一种方式且仅有一种方式写成两个完全平方数之和，而对于后者，$p=4k+3$，则无论如何也无法写成两个平方数之和。

比如当 $p=193$ 时，$p=(4 \times 48)+1$，它能写成 $p=144+49$，即

$p=12^2+7^2$，而其他形式的平方和（在实数范围内）都不可能等于 193。而素数 $p=199=(4 \times 49)+3$ 则无论如何也无法写成两个平方数之和。

约 100 年后的 1747 年，欧拉证明了这个猜想。

接着，我们来看 27 这个数，它可以写成 27=25+2，显然，27 和 25 都是某一个数的平方或立方，那么它也可以写成 $3^3=5^2+2$，我们通过观察就能得出，$y^3=x^2+2$ 这个方程有一个整数解。需要注意的是，这里的 $x$、$y$ 都是整数，如果不是整数，我们就有无穷多的非整数解满足此方程，那就没意义了。

我们找到了这个方程的一组整数解，那么问题来了，这个方程有没有其他整数解呢？费马证明，没有其他整数解了，而且他的老毛病又犯了，他没有给出证明过程。这个猜想的证明直到他去世好几年后，才有人给出。

## 证明了 358 年的费马大定理。

费马有个习惯，在阅读丢番图的《算术》这本书时，他喜欢在空白处写点猜想，他在某一页的空白处写下了那个著名的费马大定理，概括如下。

当 $n>2$ 且为整数时，则方程 $x^n+y^n=z^n$ 无整数解，$x$、$y$、$z$ 均不为 0。

他写道："我发现了一个真正奇妙的证明，但是这个空白太窄了，我写不下！"

仅凭费马大定理，费马就足以名留数学史。后世，无数的智者耗尽所有精力投入对这个定理的证明之中，均败下阵来。一个费马大定理，其实可以将整个人类近代以来的所有数学都串联起来，你知道这有多厉害了吧！

就连欧拉和高斯对此都无能为力，尽管欧拉也取得了一些突破，但仍无济于事，莱布尼茨甚至直接认为费马是瞎写的。

我们大概可以推断出，在费马那个年代，要证明他的费马大定理，几乎是一件不可能的事，除非他自己发明了后来的很多数学工具。至于费马是真的发明了，但吝啬地没有记录下来呢，还是正如莱布尼茨所言，费马压根就是瞎写的，恐怕也没有人能够知道了。

最终，证明费马大定理的人是英国数学家安德鲁·怀尔斯，他于 1995 年宣布证明了费马大定理。

从费马生活的年代（1640 年前后）到 1993 年，这 300 多年的时间，无数数学家为了这个"业余数学家"的一个猜想而忙前忙后。

想必，数学在这些人的眼中是充满了魅力的。如果你觉得数学很无聊很枯燥，可能是打开的方式不对。至于数学更大的魅力，正等着我们去发现、去挖掘。

我们来回忆一下，学到了什么。

## 知识点回顾

☆ 数学是客观存在的，还是主观创造的？目前更多人倾向于前一种说法。

☆ 数学最重要的是公理化。

☆ 数学史上曾发生过 3 次危机，每一次危机都带来了数学的蓬勃发展。

☆ 在集合论中，偶数和整数一样多。

☆ 可数数是可以按照顺序一个个数过去，而不可数数是不可以按照顺序一个个数过去，尽管在数量上，它们都是无穷多的。

# 第二章

## 数学好，
## 能掌握生活的窍门

# 01

## 幸存者偏差：你以为的成功就是真的成功吗

　　也许你曾经听说过比尔·盖茨和史蒂夫·乔布斯这两位科技巨头的创业故事。他们的故事在全球范围内广为流传，激励了无数的年轻人去追求自己的梦想。在这些故事中，有一个共同的特点被反复提及，那就是他们在读大学的时候，都选择了中途退学。

　　实际上，像这样中途退学且在未来取得了一定成就的例子还有很多。或许你在看了这样的故事后也跃跃欲试，甚至将"中途退学"与"成功"或"取得一定成就"画上等号。如果你有这样的想法，那我劝你最好放弃，因为讲这类故事的人都犯了一个"幸存者偏差"的错误。

这样的例子在我们周围还有很多，或许你曾经听一些年纪较大的人讲过，在他们读书的时候，有些学生高中没读完就辍学了，出去打工赚钱，若干年后，同学聚会的时候，那些生活得比较好的人大都是这类人。甚至你自己也犯过这样的错误，你可能跟父母说过，你的某位同学天天玩手机，但成绩特别好。

这些例子都隐藏着"幸存者偏差"：你只看到了那些成功者，却没有看到失败者。

## 幸存者偏差的由来

幸存者偏差，其实可以追溯到第二次世界大战的时候。那时候，美国作为盟军抵抗邪恶的法西斯日本和德国。飞机作为刚刚亮相不久的战争装备，在战争中发挥了巨大的作用。美国军方发现，飞机群每出去执行一项任务，回来的时候都会有一定损坏。为了降低飞机的损坏率，军方决定给飞机加强防护。

但是问题来了，如果飞机太笨重，飞起来就会很慢，会更容易被敌军击落。因此，不可能在飞机的所有部位都加上防护。最后，美国军方找到了两个部位，一个是机翼部位，另一个是机尾，决定在其中一个部位增加防护。

究竟要在哪个部位增加防护呢？

美国军方研究了一番飞回来的飞机后发现，机翼部位的弹痕数量要多于机尾部位。也就是说，机翼是更容易被击中、容易受伤的部位，因此应该加强机翼部位的防护。

一切都合乎情理，也符合人们的一般认知。但就在这个时候，哥伦比亚大学的一位数学教授——沃德教授站了出来，他认为军方的想法并不对，应该给中弹较少的机尾部位增加防护。同时，他利用自己精湛的专业知识，写了一篇名为《飞机应该怎样加强防护，才能降低被炮火击落的概率》的文章。

沃德教授认为，军方所采用的统计样本，并不具有代表性，他们只统计了"活着"飞回来的飞机，但没有统计被敌军击中而坠毁的飞机。在飞回来的飞机中，虽然机翼的中弹率较高，机尾中弹率较少，但有没有一种可能，就是机翼中弹，飞机还能飞回来，机尾中弹，大部分飞机就直接坠毁了。也就是说，机尾中弹，飞机安全飞回来的概率非常低。

后来，美国军方采纳了沃德教授的建议，而结果也表明，沃德教授的分析是准确的，那些看不见的"伤痕"才最致命。

当人们还在为了表面的问题争论不休的时候，数学家们往往能够一针见血地指出问题的关键所在，他们长期与数学打交道，经过数学思维的训练，能够一眼看穿事物的本质。毋宁说，当时若是没有这位沃德教授，美国军方按照自己推断出来的设想，为机翼加重防护，可能会造成更多美军的伤亡。

到这里，我们可以给"幸存者偏差"一个精确的定义。

幸存者偏差，是一种常见的逻辑谬误，指的是只能看到经过某种筛选而产生的结果，而没有关注筛选的过程，忽略了被筛选掉的关键信息，日常表达为"沉默的数据""死人不会说话"等。

曾经有一段时间，社会上涌现出了一群想要创业的人，他们在听了很多名人创业成功的故事后，像打了鸡血一样，认为自己若是创业，也一定能够功成名就，再创一个商业上的奇迹。

然而，奇迹之所以被称为奇迹，是因为它只是个例。数学中从来就没有奇迹，而我们生活的世界，是受物理法则支配的世界，而物理法则的发现，离不开数学。

最后，我们用数学中的贝叶斯定理来说明一下沃德教授的观点。你在中学阶段并不会接触贝叶斯定理，但如果你比其他同学更早知道这个定理，也许将来你就会比他们更成功，这可不是幸存者偏差哦！

我们设 $X=$"飞机被击中的部位"，$Y=1$ 或 $0$，表示飞机是否飞回来，若 $Y=1$，则飞机飞回来了，若 $Y=0$，则飞机被击中后坠毁了。

我们再假设飞机被击中的部位的分布为 $P(X)$，而飞回来的飞机的 $X$ 的分布为条件分布 $P(X|Y=1)$，其中，$P(X|Y)$ 表示，在已知事件 $Y$（是否飞回来）发生的情况下，事件 X 发生的概率，$P(Y|X)$ 表示，在已知事件 X（飞机被击中部位）发生的情况下，事件 $Y$ 发生的概率，于是，我们可以得到：

$$P(X|Y)=P(X)\times P(Y|X)/P(Y)$$

美国军方认为幸存飞机被击中的部位的分布 $P(X|Y=1)$ 反映了飞机外出执行任务时被击中部位的分布 $P(X)$，因此哪里弹痕多就要在哪里加强防护。但沃德教授认为"炮弹不长眼睛"，飞机执行任务时的 $P(X)$ 应该是接近于均匀分布的，因此 $P(X|Y=1)$ 恰恰是正比于 $P(Y=1|X)$ 的，即击中该部位以后飞回来的概率。幸存飞机哪里中弹多就表明相应部位不是要害部位，因此，美国军方应该在 $P(X|Y=1)$ 较小的地方加强防护，而这正是幸存飞机弹痕少的部位。

# 02

## 爱数学之人阿基米德与双重归谬法

你可能听说过阿基米德的名字，也听说过他用了一种非常巧妙的方法测出了国王手中的王冠是否由纯金打造，甚至也知道他曾说过"给我一个杠杆，我能翘起整个地球"这句话。

然而，你可能并没有听说过，他为了数学曾到废寝忘食的地步。

一切，都要回溯到那一段激情燃烧的岁月……

# 圆的面积如何得来

公元前 334 年，随着亚历山大大帝的东征，古希腊文明逐渐走向衰落，随后进入了亚历山大时期。可惜的是，亚历山大英年早逝，他死后，整个地中海世界进入了后亚历山大时期。

公元前 287 年，西西里岛上的叙拉古诞生了一位伟大的科学家，他就是阿基米德。阿基米德的父亲是一位天文学家，据说还是叙拉古国王的亲戚。像很多天才一样，当阿基米德醉心于自己的研究时，他总是忘记一切，忘记吃饭，忘记洗澡，甚至忘记自己是谁。虽然我们不知道阿基米德若是一个人生活在深山老林之中会不会因忘记吃饭而把自己饿死，但有一点毋庸置疑，他总是被身边的人拉着去吃饭。

阿基米德年轻的时候在亚历山大里亚城求学，在那里他认识了两位志同道合的朋友，一个是数学家——科农，另一个也是数学家——埃拉托色尼。

大约在公元前 225 年，阿基米德完成了《圆的测量》一书，这本书非常薄，但也非常令人头疼。当时的数学家已经知道了，一个圆的周长与直径之比是固定的，是一个常数，现代数学家将这个比值定为 $\pi$（最早是欧拉定的），而当时的数学家还不知道这个比值是多少，他们只知道，这个比值是一个固定的值。

那么问题来了，圆的面积该怎么求呢？

用我们小学学到的数学知识，我们知道，圆的面积 $S=\pi r^2$。

但当时的数学家对此一无所知，至少不像我们那样一看就知道。欧几里得在他的《几何原本》中证明了，两个圆的面积之比等于两个圆直径的平方比，也就是说圆的面积和直径的平方之比也是一个固定值，是一个常数。欧几里得将这个比值称作"$k$"。

阿基米德在《圆的测量》中，将圆面积与圆周长联系在了一起，比如两个世界，一个世界是圆的周长与直径之比，另一个世界是圆的面积与直径平方之比，这两个世界是否可以融合在一起呢？

阿基米德证明，可以，圆周率（$\pi$）就是这两个世界的沟通桥梁。

每一个数学家手上都有属于他自己的屠龙宝刀，阿基米德也不例外，他手中的屠龙宝刀是双重归谬法。

简单来讲，双重归谬法就是反证法。比如，两个数值之间的关系只有 3 种可能性，一种是大于，一种是小于，另一种则是等于。如果我们用两次反证法证伪了其中两种可能性，则另一种可能性就是正确的，且不需要证明了。

首先，我们来求一个正多边形的面积。给定一个正多边形，它有 $n$ 条边，因为是正多边形，所以每条边的边长 $a$ 都是相等的，正多边形的中心为 $O$，周长为 $C$，我们可以得到，

$C=an$。正多边形的边心距为 $h$，也就是从正多边形的中心 $O$ 出发，到每条边的垂直距离（高），都是相等的，记为 $h$。

好，问题来了，这个正多边形的面积是多少呢？

其实非常简单，我们可以将这个正多边形分割成 $n$ 个等腰三角形，那么这个正多边形的面积就是 $n$ 个等腰三角形的面积之和（见图 2-1）。

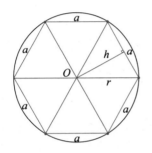 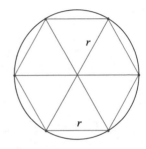

图 2-1　计算正多边形的面积

我们只要求出一个等腰三角形的面积就可以了，非常简单，$S=1/2ah$，其中，$a$ 是正多边形的边长，$h$ 是边心距。

那么正多边形的面积就是 $n$ 个 $S=1/2ah$ 相加的和，我们将 $1/2h$ 提取出来，那么正多边形面积 $S=1/2h(a+a+a+\cdots+a)$，那么究竟有多少个 $a$ 相加呢，是 $n$ 个。那么 $n$ 个 $a$ 相加是什么呢？就是正多边形的周长。因此，我们很容易得出，正多边形的面积等于 $hC/2$。

接下来我们就要亮出阿基米德的屠龙宝刀了，我们需要借助两张图（见图2-2），一张是以 $O$ 为圆心，半径为 $r$ 的圆。很显然，它的周长就是 $C=2\pi r$；另一张是一个直角三角形，其中，一条直角边是 $r$，另一条直角边则是圆的周长，也就是 $2\pi r$（这篇涉及圆周率的部分，已经简化为现代所熟知的 $\pi$）。

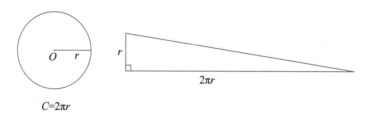

$C=2\pi r$

图 2-2　阿基米德采用双重归谬法获得圆的面积

圆的面积记为 $S$，直角三角形的面积记为 $A$，那么请问，$S$ 与 $A$ 之间什么关系呢？是大于、小于，还是等于呢？

阿基米德运用双重归谬法，先用反证法证伪了 $S$ 大于 $A$ 的可能，再用反证法证伪了 $S$ 小于 A 的可能。最终，阿基米德证明了 $S=A$。因为 $S>A$ 被证伪了，$S<A$ 也被证伪了，所以只能是 $S=A$ 了。

到了这步，阿基米德就很容易得出了圆的面积 $S=\pi r^2$，因为直角三角形的面积 $A=1/2rC$，而 $C=2\pi r$。

问题是否到此结束了呢？

没有，这一切只在理论上可行，在现实中根本不可行，因为你无法精确画出那个直角三角形。要成功解决圆的面积问题，就必须作出与圆面积相等的直线图形。现在我们知道为什么作不出，因为这涉及了 π，而 π 是一个无限不循环小数。

## π 值的上限与下限是怎么求出来的

在《圆的测量》这本书中，阿基米德也证明了 π 值的上限与下限，这个过程极其复杂，在圆内接正多边形，先是正六边形，而后是正十二边形，不断给这个正多边形加倍，一直到正九十六边形，其中计算正十二边形的周长时，阿基米德需要计算 $\sqrt{3}$。在没有计算器的年代，阿基米德孜孜不倦，用手算的方式，算出了一个较为精确的值。通过这个办法，阿基米德估算出了 π 值的下限，它必然大于（3+10/71）。

你以为这就完了？哪有那么简单！

阿基米德在圆内接完正多边形之后，又外接正多边形，从正六边形、正十二边形，以此类推，外接到了正九十六边形。如此，阿基米德估算出了 π 的上限，它必然小于（3+1/7）。

这样估算下来的 π 值，已经可以精确到小数点后 5 位了。

研究完二维的圆，阿基米德又去研究三维的球去了。

《论球与圆柱》是阿基米德的另一本名作，他在该书中确定了球体及相关几何体的体积和表面积。之前，欧几里得已经证明了，两个球体的体积之比等于其直径的立方比。换言之，存在一个"体积常数"m，使得，$V_{球}=mD^3$。

然而，欧几里得似乎只关心球体的体积，而对球体的表面积闭口不谈，这就给了阿基米德继续发挥的空间，他运用穷竭法，再加上手中的屠龙宝刀"双重归谬法"，得出了球体表面积的计算公式是 $S_{球}=4\pi R^2$。

阿基米德自己也兴奋不已，在给朋友的信中，他低调地宣称，自己并非发明或创造球体表面积的人，只是发现了圆中的一个永恒不变的性质。

接着，阿基米德再接再厉，得出了球体体积的计算公式 $V_{球}=4/3\pi R^3$。

除此之外，阿基米德还研究过抛物线，在其著作《抛物线求积法》中，他再次借助穷竭法，深入探讨了曲线之谜。在现实生活中，所有的曲线都近似抛物线，但对阿基米德而言，抛物线是用平面截切锥体得到的曲线。

抛物线有一个对称轴，是左右对称的，假如我们用一条直线将抛物线截成两段，那么问题来了，直接截取的这个弓形面积，是多少呢？

运用微积分，我们很容易就能算出来，但是如果没有微积分呢？

这时就要用到穷竭法和阿基米德的"双重归谬法"了。

我们作一条与截断抛物线的直线相平行的直线，与抛物线的顶点相交，这样我们就会得到一个三角形。接着，我们将这个三角形的两条边作为基础，继续之前的办法，又得出了两个小三角形。以此类推，我们可以将这个弓形不断分割，得到无穷无尽多的三角形。阿基米德证明了，每个新构建的三角形的面积都是上一层级三角形面积的 1/8（见图 2-3）。

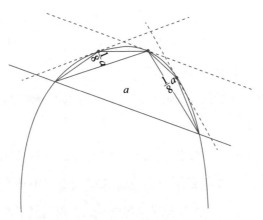

图 2-3　阿基米德求弓形面积的过程

最后要求弓形面积，我们假定第一个三角形的面积为 $a$，弓形面积则为 $S=a+a/4+a/16+a/64\cdots$

等式两边同时乘 4，我们会得到：$4S=4+1+1/4+1/16+1/64\cdots$，即 $4S=4+S$。

最后，我们求得 $S=4a/3$。

若第一个构建的三角形的面积是 1，那么，弓形面积是该三角形面积的 4/3。

对于无穷，阿基米德承认他有些还不严谨的地方，他认为，任何想要测量曲线形状（边界长度、面积或者体积）的人，都必须尽力小心应对无穷小部分的无穷级数和极限问题。

## 阿基米德与微积分

很多人认为，阿基米德已经摸到了微积分的边，但一份近代发现的材料表明，我们有理由相信，阿基米德已经创造了微积分，这可比牛顿和莱布尼茨早了近 2000 年。

1998 年 10 月，在一场拍卖会上，一份破旧的中世纪抄本最终被一位匿名商人以 200 多万美元的价格拍下。这份抄本上面是用拉丁文写成的祈祷内容，但隐约可以看见被擦去的希腊文。后来在现代技术的帮助下，被擦去的希腊文得到了复现，结果令人大吃一惊。原来这份抄本包含了阿基米德的 7 篇著作：《论平面平衡》《论球与圆柱》《圆的测量》《论螺线》《论浮体》《方法论》和《十四巧板》。前面 5 篇大家都见怪不怪了，但最后 2 篇《方法论》和《十四巧板》是之前从未出现过的。

新发现的这些材料证明，《方法论》中的内容已经十分接近近代微积分，包括对数学中"无穷"的超前研究。

因此，若是让阿基米德多活几年，说不定人类在公元前就发明了微积分这个数学工具，而阿基米德并非自然死亡，让他多研究几年，是完全没问题的。

阿基米德的家乡叙拉古后来卷入了罗马与迦太基之间的布匿战争，阿基米德用自己在物理学上的研究成果，制造了几辆投石车，成功抵挡了罗马人的入侵。但后来，罗马人还是攻入了叙拉古，几位罗马士兵看见了正在研究数学的阿基米德，将他杀死了。

阿基米德临死前留下的最后一句话是："别动我的圆！"

罗马指挥官将杀死阿基米德的罗马士兵当作杀人犯予以处决，然后为阿基米德举行了隆重的葬礼，并为阿基米德修建了一座陵墓，根据阿基米德生前的遗愿，墓碑刻上了"圆柱内切球"这一几何图形。

一代天才，就这样离开了人世。像这样将数学视为自己第二生命的人，在整个数学史上，都凤毛麟角。但这也正说明了，数学必定是拥有着某种魔力，深深吸引着阿基米德。

如果你也曾被数学吸引过，请不要怀疑，你可能就是下一个阿基米德！

# 03

## 将复杂的问题拆分成若干简单的小问题——傅里叶变换

你是否曾经站在晴朗的夜空下，仰望星空，并时不时感慨这个世界的无奈与哀愁？也许，你回顾自己才刚刚开始的十几年生命，发现有很多事情想不通、看不透。在自我意识逐渐觉醒的人生岁月，肯定有许许多多复杂的问题曾困扰你。

我想说，不要紧，没关系，往后还有更复杂的问题等着你解决。不过在此之前，你应该了解一下傅里叶变换，它会告诉你，在面对复杂的问题时，不要怕，把它拆解成若干个简单的小问题，就会更容易应对。

# 傅里叶：被数学治愈的孩子

让·巴蒂斯特·约瑟夫·傅里叶于 1768 年出生在法国，他出身普通，是一个裁缝的儿子。不幸的是，他在 8 岁的时候成了一个孤儿，被当地的一个主教收养。主教将他送到了本笃会修道院的一所军事学校。

傅里叶小时候被当成一个问题儿童，尽管他很聪明，但性格倔强，脾气暴躁。后来，当他第一次接触数学时，就被其魔力所征服。或许，傅里叶靠数学填补了他那颗缺乏温暖的心。可以说，数学治愈了傅里叶。

本笃会教士们希望他成为一名教士，于是将他送进了圣伯努瓦修道院，当一名实习生。

傅里叶儿时的梦想，是当一名军人，但他不是贵族，只是

裁缝的儿子，因此得不到军官委任状，只好勉为其难当一名教士。在大革命之前的法国，当兵和当教士是年轻人的上升阶梯。

很快，法国大革命来了，傅里叶在老朋友的推荐下，成为一名数学教授。

但那时候，形势危急，一个个科学家在大革命时期或被送上断头台，或逃

往国外。拿破仑时代的到来，拯救了这些徘徊在危险边缘的知识分子。傅里叶、蒙日、拉普拉斯等科学家相继来到拿破仑身边。

后来，拿破仑带着一群科学家前往埃及，不过他们很快就迫于形势，不得不返回法国。拿破仑带着蒙日回到法国，傅里叶则被留在了埃及，后来傅里叶回国，被任命为伊泽尔省督，总部设在格勒诺布尔。在这里，傅里叶构思出了他的不朽之作《热的分析理论》，这是数理物理学的一个里程碑。正是因为傅里叶将边值问题引入了物理学中的热传导，所以在他之后的一个世纪中，热力学得到了前所未有的发展，并在 19 世纪奠定了热力学三大定律。

也许你已经学过三角函数，如果没有学过的话也没关系，看图 2-4 就能明白。

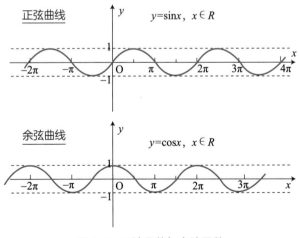

图 2-4　正弦函数与余弦函数

傅里叶最大的贡献在于，他提供了一种从数学上研究和表达这种图形的方法，傅里叶定理和傅里叶变换就是在这种环境中诞生的。没有他，我们今天可能都听不到音频、看不到朋友圈的图像，更别说看互联网上的各种视频了。

在数学图形中，正弦曲线与余弦曲线有个共同的特点，即 $y$ 具有周期性，简单来讲，任何具有明确确定的某个图形的函数，都能用下面这种类型的方程表示。

$$y=a_0+a_1\cos x+a_2\cos 2x+a_3\cos 3x+\cdots+b_1\sin x+b_2\sin 2x+b_3\sin 3x+\cdots$$

其中，当任何 $x$ 的已知函数 $y$ 是已知时，$a_0$、$a_1$、$a_2$、$\cdots$，$b_1$、$b_2$、$b_3\cdots$ 都是可以确定的。换言之，任何 $x$ 的已知函数，都能展开成上述类型的级数，即傅里叶级数。

有了傅里叶级数，我们可以对一些具有周期性的事物进行研究，比如潮汐、季节和声音，它们本质上也可以转换成周期性函数。而傅里叶变换，则是将这些看似杂乱、无规则的函数分成很多段具有规则的正弦函数和余弦函数。

计算机上的声音和图像信号、工程上的任何波动信息、数学上的解微分方程、天文学上对遥远星体的观测，都用到了傅里叶变换。

# 化繁为简的傅里叶变换

举个例子，比如我说一句话"今天晚餐吃牛肉"，如果用图形来表示，那么我的声音转换成图形就是一条不规则的曲线。但是，通过傅里叶变换，我们可以将这段波长分解成多个单波长的波，即一个复杂的波长实际上就是由多个单波长的波组成的。简而言之，傅里叶变换就是在时空域和频率域中搭建了一座沟通与转换的桥梁，所有的函数都可以等效变换成不同频率的三角函数的线性组合。

再举个例子，比如你问我，某某地方怎么走呀？我知道这个地方在哪里，但是我要说出来让你能够找到这个地方，那我就可以说，先向北走 10 米，然后向东走 20 米，再向北走 2.5 米，最后向西走 3.4 米……如此，我就可以精确地将这个地方的位置告诉你，如果我没有骗人，以及我俩对于东西南北以及对于 1 米的理解没有任何分歧，那么相信我，你肯定能找到这个地方。

我通过"向北走、向南走"这样的概念将目的地告诉你，实际上就是进行了一次傅里叶变换。任何地方，不管有多复杂，我都可以通过一些简单的"向北走、向南走"的变换让你找到。傅里叶变换的更深层次的运用，就是将一系列复杂问题拆分成几个简单问题的组合。这就好比，这个世界上的所有可见颜色，我都可以用红、黄、蓝这 3 种颜色调配出来。

傅里叶变换的精髓就在于"化繁为简"，将一个复杂的事情拆分成若干个简单的小事情。也许，你在学习中经常给自己设立目标，比如数学考试要考到 90 分以上。若是直接就考到 90 分，对你来说可能有点难度。这时，你可以将考到 90 分这个目标拆成若干个小目标，比如下一次数学考试先考到 80 分，再下一次数学考试争取考到 85 分，最后再努把力，数学考试考到 90 分。将目标这样拆分，完成难度就大大降低了，且更有可能完成。

再比如，养成看书的习惯对每个学生来讲都至关重要，相信我，这个习惯可以让你今后的人生更加精彩与顺利。但直接看完一本书可能对你来说也是有难度的，这时，你就可以将直接看完一本书的目标拆分为每天看书半小时，可能一个礼拜就能看完这本书。

不过，我希望你能尽快看完手上的这本书，因为它不仅很有趣，还讲了很多知识。为了确保你能手不释卷，我可能还得再跟你讲一些关于傅里叶的有趣故事。

后来，傅里叶与拿破仑的关系有些疏远，主要是他可能会想起这位自己曾经效忠的君主将他扔在了埃及，和蒙日一起回法国了。

当拿破仑第一次被流放回来的时候，傅里叶反而告诉波旁王室形势很危险，当他回到格勒诺布尔时，发现格勒诺尔已经向拿破仑投降，他随即便被带到了拿破仑面前。

"先生，你也向我宣战啦？"拿破仑问道。

"陛下。"傅里叶吞吞吐吐地说道，"我有责任这么做。"

"我难受的是我的对手中有一个曾经和我风餐露宿的人，一个老朋友！傅里叶先生，别忘了你能有今天，全靠我对你的栽培。"

傅里叶可能很轻易就相信别人，因此在拿破仑的劝说下，他再次效忠于拿破仑。

然而，拿破仑刚回来没多久就又失败了。这一回，连波旁王室也不再相信傅里叶，当科学院打算将他选举为院士时，波旁王室下令不能授予他任何荣誉，不过后来在科学院的坚持下，傅里叶仍被选为院士。

生命中的最后几年，傅里叶几乎是在夸夸其谈中度过的，他没有继续做研究，而是向他的听众吹嘘他打算做什么。不过，他在数学上的成就已经足够耀眼夺目了，他可能不知道，就算他不吹嘘，他在数学史上也会占据一席之地。

傅里叶从埃及回来后，喜欢将自己包成木乃伊，他认为，沙漠的炎热是对健康有利的，也难怪拿破仑叫他"埃及人"。或许我们可以想象一下，傅里叶将自己包裹在被子中，两眼望着天花板，额头上不停地在冒汗，嘴里还在喃喃自语："这样健康！热一点健康！"

傅里叶于 1830 年 5 月 16 日去世，他可能死于心脏病，也有可能死于动脉瘤，享年 63 岁。

最后，希望你能明白，要学会拆分问题，化繁为简，学习如此，生活如此，工作也是如此。

# 04

## 换，还是不换？
## 抽奖背后的概率问题

我想跟你玩个游戏。

假设，我现在身后有 3 扇门，分别是 A 门、B 门和 C 门，在这 3 扇门的背后，各有 3 样东西，其中 2 扇门的背后是空盒子（什么都没有），另一扇门的背后是一辆跑车（奖品）。

现在，你可以选择一扇门，然后我会打开，你将会获得这扇门背后的东西。

记住一点，因为这只是一个游戏，所以我并不会真的给你一辆跑车，因此，这个奖品你可以随意换成任何你想要的东西，可以是一个豪华版的洋娃娃，也可以是一台游戏机。

在你做选择之前，我想问你，你获奖的概率是多少？

必然是 1/3，这很简单。

比如，你选择了 A 门，但我想跟你玩得再刺激一点，没有先打开 A 门，而是打开了 B 门，B 门的后面是一个空盒子，也就是什么都没有（我当然知道 B 门后面什么都没有）。现在，我告诉你，你可以再选择一次，是继续选择 A 门呢，还是转而选择 C 门，哪个选择会让你更容易打开背后是跑车（你想要的奖品）的那扇门呢？

这看上去似乎是一个让人摸不着头脑的问题，你可能会想，无论是哪扇门，获奖概率都是一样的，都是 1/3，无论是 A 门还是 C 门，都是一样的，换不换都无所谓。

然而，如果你是一个数学家，你会毫不犹豫地选择换门，也就是，一开始你选择了 A 门，接着我打开了 B 门，里面什么都没有，这个时候，你应该立即选择 C 门。为什么呢？因为当我打开背后什么都没有的 B 门后，A 门的获奖概率还是 1/3，而 C 门的获奖概率是 2/3 了，是 A 门获奖概率的二倍。你当然要选择换门了。

如果你对此感到困惑，没关系，希望接下来你能认真看下面的这段话。

一开始，任何门的获奖概率都是一样的，A 门是 1/3，B 门是 1/3，C 门也是 1/3。你选择了 A 门，你将有 1/3 的概率获

得奖品，换句话讲，B门和C门的获奖概率之和是2/3。现在我帮你打开了B门，门后什么都没有，而且我是知道B门背后什么都没

有的，因此才帮你打开。A门的获奖概率依然是1/3，我们将B门和C门看做一个整体，总的获奖概率是2/3。因为B门被我打开了，所以B门和C门的整体只剩下了C门，而它的获奖概率是2/3。

因此，为了提升自己的获奖概率，你应该换门。

相信你到现在还是有点糊涂，没关系，糊涂的不只是你一个。这是由加州大学年轻的统计学教授史蒂夫·塞尔文于1975年设计的一个概率游戏。当他第一次在教室里提出这个问题后，下面的学生几乎没有一个人说到点子上。

后来，在1990年，一个叫玛丽莲·沃斯·莎凡特的人，在美国发行量很大的杂志《巡游》（*Parade*）上刊登了一篇有意思的文章，并留下了"应该换门"的答案。结果，她的文章引来了1万多封读者来信，几乎所有人都反对她的答案，认为"换不换门都一样"。

在这些来信中，有近1/10是有博士学位的人写的。这一

事件在美国引起了一场风暴，《纽约时报》在头版报道了这场风暴。

接下来，我们再假设一场游戏。

假设你被一名绑匪给绑了，请原谅我用了这么一个假设，不过你应该知道，这只是一个游戏，并不会有人真的绑架你，正如上面那个游戏中，并不会有人真的给你一辆跑车。

绑架你的劫匪有点疯狂，他决定跟你玩"俄罗斯转盘"游戏，他拿起一把左轮手枪，打开转轮，你看见6个弹膛都是空的。

然后，他给手枪装上2颗子弹，每颗子弹都在一个单独的弹膛里。接着，他合上并转动转轮，这样你就不知道哪颗子弹在哪个弹膛里了。

他用枪指着你的头，扣动了扳机。"咔嗒"一声。你的运气不错，你还活着。

他说："我马上再开一枪。你希望我现在就扣动扳机，还是先转动转轮？"

这个问题比刚刚那个问题复杂一些，因为你得考虑两种情况，如果2颗子弹在2个相邻的弹膛里，你该怎么选？如果子弹在2个不相邻的弹膛里，你又该怎么选？

我们知道，手枪中有6个弹膛，我们分别称之为1、2、3、4、5和6。

先考虑子弹在相邻弹膛时的情况，假设2颗子弹在1和

2 中。转轮转动后，枪管与空弹膛对齐的概率是 4/6。如果劫匪再次转动转轮，枪管对齐空弹膛的概率仍然是 4/6，即约 66%。但是，如果你坚持现在就扣动扳机，转轮就会转向下一个弹膛，枪管所对的位置就会由 3、4、5、6 变成 4、5、6、1。因为这 4 个弹膛中有 3 个是空弹膛，所以你有 75% 的生存机会。因此，在这种情况下，你应该坚持现在就扣动扳机。

再考虑子弹在不相邻弹膛时的情况，假设子弹在 1 和 4 中。如果你选择坚持现在就扣动扳机，枪管所对的位置就会由空弹膛 2、3、5、6 变成 3、4、6、1，而这 4 个弹膛中只有 2 个是空弹膛。你将只有 50% 的生存机会。因为转动转轮后有 66% 的生存机会，所以在这种情况下你应该选择转动转轮。

这看上去很复杂是不是？不过恭喜你活了下来！

看来，你的脑袋没有开花，不过，这道概率题应该已经狠狠将你的脑袋给踩躏了一番。

但愿你今后能够开出智慧之花。

# 05

## 阴与阳：检测与答题中的概率问题

阴阳是我们中国古代哲学中的概念，它延伸出了一套复杂却简洁的哲学体系。千百年来，阴阳文化已经渗透进我们生活的各个角落，因为阴阳在定义上是刚好对立的，所以我们可以将阴阳借用过来，用来给一些科学中的名词与概念命名，比如阳性与阴性，比如假阳性与假阴性。

那么问题来了，什么是假阳性，什么又是假阴性呢？

让我们想象一下，如果某天，你的一位好朋友突然找到了你，凶巴巴地说你拿了他的一样东西。你想破了脑袋也不记得自己拿过他的东西，你觉得自己受到了冤枉，很委屈，眼泪"啪嗒啪嗒"地掉了下来。

这就是假阳性，你的朋友犯了假阳性的错误：明明它不是，却把它当成了是。

再试着想象一下，你和几个调皮捣蛋的小伙伴一起去外面踢球，结果不小心将一户人家的窗户踢碎了。你们当时很害怕，都各自跑回了家。事后，老师得知了这件事，准备调查具体情况。你很幸运，老师并没有留意到你，而是将除你之外的其他小伙伴都叫到了办公室。而且你的小伙伴们没有将你供出。虽然当时你在场，也应该为此事负责，但现在的你颇有一种"逍遥法外"的感觉。

这就是假阴性，老师犯了假阴性的错误：明明它是，却把它当成了不是。

假阳性与假阴性原本是医学用语，但由于它太典型了，因此我们在生活中也经常用它来指代某些错误。

为了更好地说明这点，我们来看一个例子。假设现在有种疾病，它的发病率是 $1‰$，也就是说，从统计学的角度来看，1000 个人里面会有 1 个人患上这种病。医院和医生用了各种办法，针对这种病提出了一种检查手段，准确率很高，但是由于医学上的检测并不是百分之百准确的，因此会有一些疏漏。

已知如果一个人得了这种病，那么检测出来的阳性概率是99.5%，如果没有得这种病，检测出来的阴性概率也是99.5%。现在，某个人去检测，检测出来的结果显示阳性，请问当事人真的得病的概率是多少?

你可能有点迷惑，我来给你解释一下。比如有一个人去检测，发现检测结果是阳性，那么他就一定得这种病了吗？未必，这种病测出来的阳性概率并不是100%的，而是99.5%，也就是说，一个人的检测结果就算是阳性，也未必真的得了这种病。

如果一个人的检测结果是阴性，那他一定就安全吗？也未必，这种病测出来的阴性概率是99.5%，也就是说，一个人就算检测结果是阴性，也不能掉以轻心，有可能是得了病却没被检测出来。

如果你一时之间回答不出来，也不要紧。有人曾在哈佛大学医学院中出过这道题，结果大部分的哈佛学生也不会算。

你可能下意识会认为，答案是99.5%，但这是错的。

就算检测结果是阳性，你真正得病的概率大约是1/6。这"1/6"是怎么来的呢？下面提供一个简便的计算方法。

我们可以想到，该病的发病率是1‰，也就是说，1000个人中有1个人会得病，这个人测出阳性的概率是99.5%，约等于1个人。同时，剩下999个没有得病的人中，因为检测结果有5‰的假阳性概率，所以会检测出4.995个人是阳性，约等于5个人。加起来，1000个人检查会有接近6个人检出阳性，但其中只有1个人是真的感染者。

在现实生活中，无论我们是否愿意接受，假阳性和假阴性结果都是无法完全避免的。尽管数学和现代技术可以帮助我们解决一些问题，但最终的结果仍然无法达到百分之百准确的程度。从上述例子中我们可以得出结论，即使一个人的检测结果是阳性，也不一定意味着他真的患有疾病，反之亦然，即使一个人的检测结果是阴性，也不一定意味着他没有患病。

因此，在医学领域，我们不能只满足于初步的检测结果。尽管初步的检测结果可以为我们提供一些线索和信息，但为了确保检测结果的准确性和可靠性，我们需要进行深入筛查，以此提高检测结果的准确性。

这就像是我们参加考试的时候，老师总是会不厌其烦地提醒我们："审题一定要认真仔细，做完题目之后要再次检查一遍。"这样做的目的就是尽可能减少我们在答题过程中出现错误的概率。

在考试中，我们在第一次答题时可能会犯一些错误，这些错误可能是由于我们对题目理解不够深入，或是由于粗心大意导致的。然而，这并不意味着我们要就此放弃，而是要在第一次答题的基础上，进行第二次的检查。

第二次的检查，往往有助于我们找出并纠正之前的错误，从而给出一个更准确的答案。这个过程就像是在做一道复杂的数学题，第一次尝试可能只能得到一个大致的答案，但是通过反复检查和修正，我们最终可以得到一个精确的答案。

# 06

## 条件一变，概率的结果就会变

在生活中，我们经常能听到类似的话，比如"今天下了一场雨，明天应该降温了""他这几天都在努力学习，接下来的考试应该有所进步""他下午吃了太多的零食，晚上应该吃不下饭"等，这些话听起来都有一定的道理，但你有没有想过，这是为什么呢？

实际上，这背后就是一些概率问题。概率是数学中的一个重要概念，它被广泛应用于各种科学和工程领域。概率论提供了一种量化不确定性的方法，使我们能够对随机事件的发生进行预测和分析。

但是，很多人对概率的理解是模糊的，甚至以为概率是不变的。其实，这世间大部分的概率都是条件概率。如果一个随机事件的概率会因某个条件而发生变化，那么在这个条件下，这个随机事件发生的概率就是条件概率。

另外，在一个特定的系统或环境中，概率并不是一成不变的，而是会随着条件的变化而发生动态改变的。换句话说，一旦系统内的某些条件发生了改变，那么某个事件发生的概率也会随之变化。

为了更具体地说明这一点，我们可以考虑一个简单的例子。假设现在有 3 个黑色的袋子 A、B 和 C，其中只有 1 个袋子里装有黑球，而另外 2 个袋子里则装有白球。现在，我们要从这 3 个袋子中随机抽取 1 个袋子，然后从这个被选中的袋子中取出 1 个球。请问，我们取出黑球的概率是多少？

根据概率论的基本知识，我们可以很容易地计算出这个概率。因为总共有 3 个袋子，而只有 1 个袋子里装有黑球，所以从任意一个袋子中取出黑球的概率都是 1/3。因此，无论我们从哪个袋子中取出球，其结果都是相同的，即取出黑球的概率为 1/3。

然而，如果我们改变一下条件，假设我们已经知道 A 袋子中装的是白球。在这种情况下，如果我们从 C 袋子中随机取出一个球，那么这个球是黑球的概率是多少呢？这个问题的答案其实也是非常明显的，那就是 1/2。

如果我们再稍微改变一下问题的条件，假设我们已经知道A和B这2个袋子中都装有白球。在这种情况下，我们想要知道从C袋子中随机取出一个球，取出黑球的概率是多少？

　　这个问题其实非常简单，因为我们知道C袋子中只有黑球，所以当我们从C袋子中抽取一个球时，无论我们抽取多少次，取出的都是黑球。那么，取出黑球的概率就是100%，也就是1。

　　因为事件发生的概率并不是固定不变的，而是会随着条件的变化而变化。所以，当环境或情况发生变化时，我们必须重新评估和计算事件发生的可能性。

　　比如，如果我们正在研究某种疾病的发病率，那么在新的医疗技术和治疗方法出现后，这种疾病的发病率可能会发生变化。因此，我们需要重新计算这种疾病的发病率，以便更准确地预测和控制这种疾病的发展。同样，如果我们正在研究某种自然灾害的发生概率，那么在新的气候模型和灾害预警系统出现后，虽然自然灾害的发生概率不会改变，但发生概率可以计算得更精确。总体来说，无论我们正在研究的是什么事件，只要条件发生变化，我们都需要重新计算事件发生的概率。

　　概率思维是一种思考方式，它强调在面对不确定的情况下，通过计算各种可能性的概率来做出决策。条件一变，概率就会发生改变，这意味着我们不能固守过去的经验或做法。

　　在现实生活中，我们经常面对各种不确定和变化。概率思维能够帮助我们更好地理解和应对这些情况。当我们面对一个问题时，我们可以通过对各种结果的出现概率进行评估，从而得出一个合理的解决方案。这种思维方式可以帮助我们避免盲目猜测和主观臆断，依靠数据和逻辑来进行决策。

然而，概率思维也提醒我们不要过于依赖过去的经验或做法，因为条件的变化可能会导致概率的改变。举个例子，如果在过去的一段时间里一直下雨，我们可能会认为明天也会下雨。但是，如果明天的天气条件发生了变化，比如气温升高或者气象预报显示有雨转晴的趋势，那么明天下雨的概率就会降低。因此，我们需要时刻关注条件的变化，并根据新的信息来调整我们对概率的估算。

如今，随着科学技术的不断发展，概率已经渗透进几乎每一个需要分析的领域，比如人工智能中的大语言模型。

如果你用过人工智能，那你是幸运的，你正在目睹这场变革。我们问人工智能一句话，它能够给你"吐出来"一段话，而且这段话目前看上去还真像那么一回事。尽管人工智能现在"吐出来"的话有着这样或那样的问题，但它迭代进步的速度是非常快的。假以时日，我们或许就能得到一个相对完美的人工智能。

人工智能建立在大语言模型的基础之上，而大语言模型的核心任务，是通过概率计算把字词拼接起来，让它的输出看起来尽可能类似人类的输出。

除了识别文字，人工智能还能识别图像、语音等内容。你可能也听说过，人工智能的学习能力很强，其本质是我们人类给它投喂了海量的数据，这些海量的数据提高了人工智能输出的精确度。

举个最简单的例子，我们知道，在这个世界上，没有 2 片叶子是完全相同的，也没有 2 条狗是完全相同的。狗作为一种动物，一种宠物，有很多品种，比如拉布拉多、博美或泰迪等。我们人类看到一条陌生的狗，可以很快识别出来"眼前的动物是一条狗，而不是一只猫，更不是一个人"。虽然在这之前，我们从未见到过这条狗，但我们人类可以立即识别出它是狗，主要原因是我们拥有复杂的神经系统。

人工智能并没有类似人类的神经系统，但我们可以模拟一个类似人类神经系统的神经网络。比如，我们给人工智能看 1 万张，甚至 10 万张不同狗的图片，告诉它"这是一条狗"，人工智能在海量数据的投喂下，在下一次看到另一张狗的图片时，就可以识别出在图片中出现的是一条狗。

在人工智能的系统学习中，机器学习与深度学习是两个重要的概念。其中，机器学习通过让计算机从大量数据中学习规律，从而实现对新数据的预测和分类。在这个过程中，概率论起到了关键作用。比如，朴素贝叶斯分类器就是一种基于概率论的分类方法，它通过计算各个类别的概率来判断一个样本属于哪个类别。深度学习是一种让计算机通过与环境互动来学习最佳策略的方法。在这个过程中，计算机需要根据当前状态选择不同的动作，以获得最大的奖励。为了衡量不同动作的价值，深度学习使用了概率论中的贝尔曼方程来计算每个状态的价值函数。

这对我们人类来说有什么借鉴意义呢?

当然有!我们所生活的这个世界，在本质上是一个包含各种不确定性的世界，我们的每一个想法、每一项决策以及每一个行动对事情的结果都起到了一定作用。因此，为了提高我们达成目标的概率，目前最可靠的做法就是给自己投喂数据，这需要我们多去经历、多去学习，不要故步自封，也不要刻舟求剑。

显然，我们要用更加积极的心态去碰撞未来，开创未来。

# 07

## 我和同学同一天生日，
## 只是巧合吗

你的生日是几月几日呢？

你可千万不要调皮地告诉我你的生日是 2 月 30 日。这听起来很有意思，但这也意味着，你将是这个世界上最孤独的人，在那一天，全世界只有你一个人在庆祝自己的生日，除非还有另一个和你一样调皮的人也将生日选在了这一天。

并且，你根本无法庆祝你的生日，因为 2 月 30 日这一天根本就不存在。

我再问你，你班上有几个人呢？有没有和你生日在同一天的呢？

也许你并不知道你班上所有人的具体生日，那我换一个问题，假如你班上有 60 位学生，恰好有 2 位学生的生日在同一天的概率有多大？

你可以试着想象一下，一年有 365 天（每 4 年会有一个 2 月 29 日，但我们这里不考虑这一天，而且我们这里只考虑月份和日期，不考虑年份），班上 60 位学生的生日被平均分布在 365 天中，因此我们基本可以判断，2 位学生在同一天生日的可能性微乎其微，可能是 5%，也可能是 10%。

但我要告诉你的是，你错了。现实情况是，在一个 60 人左右规模的班级中，竟然可以成功匹配 3 ~ 6 对生日相同的学生。这个结果让人感到很意外，也很惊喜，但是这一结果背后原理究竟是什么呢？难道只是巧合吗？

实际上，这是一个纯粹的统计学原理，是一个指数问题，而非一个线性问题。具体来说，每当一位学生公开他的生日信息时，就会产生许多"匹配成功"的可能性。

以班级中学号排第一的学生为例，假设他的生日是某月某日，那么班级其他的 59 位学生，都有可能和他在同一天过生日。也就是说，这 59 位学生都有机会成为他的"生日匹配"。

然后，我们再来看学号排第二的学生。因为我们已经假设了第一位学生的生日和第二位学生的生日不同，所以学号排第二的学生也会有 58 次"生日匹配"机会。除了他自己的生日，他还有 58 种可能的生日可以选择。

如果我们继续按照这个逻辑匹配下去，就会发现，每一位学生都会有自己独特的"生日匹配"次数。这些次数会随着学生的学号排名增大而逐渐减少，因为每位学生的生日日期都是不同的。

最后，如果我们将所有学生的"生日匹配"次数加在一起，就会得到一个惊人的结果。这个结果就是所谓的"生日悖论"。这个悖论揭示了一个有趣的现象：在一个大型群体中，即使每个人的生日都是随机分布的，也有可能出现大量的"生日匹配"。

根据生日悖论的数学原理，如果我们随机抽取 23 个人来组成一个样本，那么在这个样本中出现"生日匹配"的可能性就已经超过了 50%。这是因为这个样本规模可以产生共计 253 次的"机会"或是匹配成功的可能。

更加奇妙的是，如果我们将随机样本的规模扩大到 70 个人，那么在这个样本中几乎肯定（99.9%）会出现生日相同的情况。这意味着，如果你随机选择 70 个人，那么至少有 2 个人的生日是相同的。

这个数学原理揭示了生日分布的神奇之处。尽管每个人的生日都是独特的，但是当我们从一个大的人群中随机选择一小部分人时，我们仍然有很大的概率遇到和我们生日相同的人。

比如，现在有 2 个人，他们的生日在同一天的概率是多少呢？是 1/365。

这就意味着，他们的生日不在同一天的概率是 364/365。

如果现在有 3 个人，那么他们的生日不在同一天的概率是 $(364 \times 363)/(365 \times 365)$。

一旦得到了生日不在同一天的概率，要计算它的对立事件的概率，只要用 1 减去它就可以了。

如果我们用 $P(N)$ 表示一组 $N$ 个人中至少有 2 个人生日相同的概率，就可以得到 P(1)=0，P(2)=1–(364/365)，P(3)=1–$(364 \times 365)/(365 \times 365)$。这个概率的分布如图 2-5 所示。

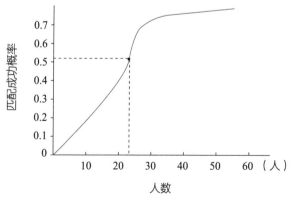

图 2-5　生日相同概率分布曲线

要理解上面这个"生日悖论"，你可能需要花一番功夫，但无论如何，它背后的数学原理是准确无误的。

　　根据以上情况，我们可以观察到一个现象，那就是意外因素的出现概率往往被人们低估。主要原因是人们在思考问题时，往往倾向于采用线性思维，即按照既定的步骤和顺序进行推理和分析，而非跳跃性思维或权变思维。然而，机遇却是一个无法预测和控制的因素，它无时无刻不在发生。无论你是否注意到它，它都在那里，等待着被发现和利用。因此，我们需要认识到这种低估意外因素出现概率的现象，并学会运用跳跃性思维和权变思维来应对不确定性和变化。

　　只要我们能够认识到，生活中的机缘巧合其实是无处不在的，那么我们就有可能得到魔法般的结果。这种魔法般的结果并非只存在于大事件中，它同样可以出现在我们的日常生活中，即使是那些微小的创新也能产生惊人的效果。

　　你也许会发现，若是在生活中看似平淡无奇的现象背后加入数学，就会有另一番味道。这正是数学的神奇之处，它有时候是反直觉的。无论是我们与生俱来的思维方式，还是我们在成长过程中后天习得的思维方式，往往会让我们陷入一种局限之中。这种局限会让我们一叶障目、不见泰山。在"机缘巧合"面前，我们往往浑然不觉，更不用说去主动驾驭它了。

　　我们与"机缘巧合"之间最大的障碍在于我们对世界的偏见。这些偏见往往会在我们无意识的情况下左右我们的思想，并扼杀掉我们发现"机缘巧合"的可能性。这些偏见可能源于我们的教育、文化、家庭背景等多种因素，它们在我们的潜意识中根深蒂固，影响着我们对事物的判断和决策。

或许，你会认为自己根本没有任何偏见，如果是这样的话，那我要告诉你，很不幸，你的这个想法很可能就是你脑海中最大的偏见。当我们认为自己没有偏见时，我们实际上已经陷入一种自以为是的心态。这种自以为是的心态会让我们更加固执地坚持自己的观点，进而错过了发现新事物、新机遇的机会。

而数学，可以帮助我们打破这种偏见，让我们意识到："哦！原来是这么回事！"

这很棒，不是吗？

# 08

## 在博弈游戏中，为什么庄家可以一直赢

　　你或多或少听说过博弈游戏，在这个世界上，有一些有名的博弈游戏，吸引了很多人的目光。

　　如果有一天，等你长大了，听到一些诸如某些人在博弈游戏中赚钱之类的传闻，你可千万不要信，也不要去尝试，你大概率会输得血本无归。

　　在博弈游戏中，你是玩家，对面是庄家，而庄家永远是赢家。

　　你别不信，让我用数学来给你证明一下。

　　我们以最简单的掷骰子为例，这来源于真实场景。在概率

论系统性诞生的时代，有一位杰出的数学家帕斯卡——你可能在物理课本中看到过他，没错，物理学中的压强就以他的名字为单位，简称帕。

当时，有一个职业赌徒梅雷骑士向帕斯卡提出了关于博弈游戏中最常见的点数问题。

比如，两个玩家在掷骰子，只有当其中一人获得所需的一定点数之后才算获胜，如果他们在一局结束前离场，请问，该如何分配奖金呢？

这个问题翻译一下，就是算每个玩家在游戏的给定阶段赢的概率。我们假设每个玩家赢一个点数的概率相等，那么这个问题就变得非常简单。举个例子，玩家掷 3 次骰子，有多少次能出现 2 个 1 点和 1 个 6 点呢？

要找出一个指定事件发生的概率，或找出能够发生一个完全指定的事件有多少种方法，就需要用到组合分析这个数学工具了。回到上面那个例子，我们知道掷 3 次骰子得到的总点数是 6 的 3 次方，即 216，也知道 2 个 1 点和 1 个 6 点出现的次数，我们可以称为 $n$，在这个例子中，$n=3$。那么我们所求的概率就是 3/216。

当时在玩家中流行一种玩法，游戏规则是由玩家连续掷 4 个骰子，如果其中没有 6 点出现，则玩家赢，如果出现了 1 次 6 点，则庄家赢。当然，前提条件是骰子的质量均匀，掷出任何点数的概率是一样的。

这样的游戏玩下去，只要玩久了，庄家就是永远的赢家。

你可能下意识会觉得，这里面有问题，凭感觉，好像玩家和庄家赢的概率都是一样的，庄家怎么可能是赢家呢？

要记住，数学很多时候是反直觉的。

我们一起来算一下，连续掷 4 个骰子，掷出点数的可能性就是 $6×6×6×6=1296$ 种，站在玩家的角度，如果他要赢，这 4 个骰子中就不能出现一个 6 点，那么每个骰子掷出点数的可能性就是 5 种，4 个骰子加起来的点数可能性就是 $5×5×5×5=625$ 种。用玩家赢的所有点数可能性除以骰子的所有点数可能性 $=625/1296=0.4822$，也就是 48%。那么庄家赢的可能性就是 $1-48\%=52\%$。

好，我们能不能站在庄家的角度来算概率呢？当然可以。

请注意，这个玩法的规则是连续掷 4 个骰子，而不是一次性掷 4 个骰子，这里面有区别吗？当然有区别，而且区别很大，如果是连续掷骰子，那么当玩家掷第一个骰子的时候，出现 6 点，那么他就没必要去掷接下来的 3 个骰子了，第一个骰子就已经表明，庄家赢了。

从庄家的角度来讲，他要赢的情况无非分成了 4 种情况：第一个骰子是 6 点，第二个骰子是 6 点，第三个骰子是 6 点和第四个骰子是 6 点。我们只要将这 4 种情况加起来，就是庄家赢的概率。

第一个骰子是 6 点的可能性：1/6

第二个骰子是 6 点的可能性：5/6 × 1/6

第三个骰子是 6 点的可能性：5/6 × 5/6 × 1/6

第四个骰子是 6 点的可能性：5/6 × 5/6 × 5/6 × 1/6

我们将上面 4 种情况的可能性加起来，约为 52%，而玩家赢的概率就是 1–52%=48%，与从玩家角度算的概率是相同的。

虽然庄家与玩家赢的概率只相差 4%，但是不要小看这小小的 4%，如果时间足够长，这 4% 就能给庄家带来源源不断的财富。

如果你偏要来抬杠，说我不和庄家玩，我只与其他个人玩家玩，我总会赢吧？

但是……你还没发现吗？这里面其实是数学问题。

如果你数学不好，那你大概率凭借运气定输赢，而运气往往是不可靠的。

如果你数学好，那请你相信我，真正有大智慧的数学家从不玩这种博弈游戏，他们早已看透一切。

当然，你也可以反过来利用上面这个例子，只要某件事情发生的概率比它的对立事情发生的概率要大，哪怕只有 4% 的优势，只要你持续做这件事情、坚持做这件事情，那么这个优势又会像滚雪球一样，给你带来源源不断的好处。

这样的事情有很多，比如好好学习。你可千万不要小看了好好学习的重要性。或许你现在还不知道学习好可以给你带来什么，那只是由于你的生命之河还不够长，也不够宽，学习的滚雪球效应还没真正显现出来。当你读了大学，或者大学毕业以后，这个效应才会变得明显。到了那时再开始努力，可就已经晚了。

不止学习是如此，坚持锻炼、坚持阅读、坚持健康生活，这些都能给你带来滚雪球式的增长。

在博弈游戏中，只要时间足够长，庄家就永远是赢家。但是在生活中，你可以运用博弈游戏背后的数学思维，让自己处于赢家的地位。

# 09

## 相关性≠因果性：优胜劣汰，为什么不靠谱

我得恭喜你，因为你生活在一个极好的时代与极好的环境之中。

100 多年前的美国，处在一个极其灰暗的时期，当时"优生学"的思想影响了政策决策者，因此出现了给穷人或残疾人采取绝育等限制生育的手段。似乎精英才能生出精英，聪明人才能生出聪明人，而那些看上去愚笨的家伙，如果生育，就会生出一个同样愚笨的傻小子。

大概在同一时间，纳粹德国也在积极倡导民族优越论，其

实这也是"优生学"的一个极端变种。

然而，实际上，优生学这个理论并不靠谱。

我们首先要回到达尔文那个时代，就是那个写出了《物种起源》的英国生物学家达尔文，他有一个表弟名叫高尔顿，二人都是当时的社会精英。

弗朗西斯·高尔顿于 1822 年出生在英国，他的母亲和达尔文的父亲是同父异母的兄妹，据说他从小就很聪明，学习东西很快，这可能也造就了他日后的优越感。

在当时英国的探险精神的影响下，高尔顿对旅游探险产生了兴趣。在父亲去世后，他继承了一笔巨额遗产，变得非常富有，便开始探险。从 1845 年开始，他先和朋友一起跑到了尼罗河流域进行考察，然后单独进入巴勒斯坦腹地。每到夏季，他喜欢到设得兰群岛去捕鱼和收集海鸟标本，有时也扬帆出海，或者乘坐热气球升空。因此，他发现了一种顺时针旋转的大规模空气涡旋，并把它命名为反气旋。

1859 年，达尔文的《物种起源》发表后，高尔顿便对人类学产生了浓厚的兴趣，决定投身人类演化的研究。

高尔顿是一个非常喜欢用数据来做分析的人，他统计了英国的达官贵人以及各界成功人士的子女，并惊奇地发现，优秀的人才更容易培育优秀的孩子，成功人士的孩子出类拔萃的概率更高一点，约为 1/12，而普通人的孩子优秀的概率则降到了三四千分之一，这是一个多么巨大的差距。

经过这么一番研究，高尔顿于 1869 年发表了论文《遗传的天才》，认为人类的才能是通过遗传得来的。

高尔顿提出了"积极优生学"理论，认为为了让人类更加优秀，应该鼓励优秀的人互相通婚，积极地改进人类基因。他的这一理论迅速在欧洲和美洲流传开，并受到了多数精英的追捧，以至于酿成了很多惨祸。

1877 年，高尔顿在英国皇家科学院做了一次演示报告，听众也都是当时一些有头有脸的科学家。在这次报告中，高尔顿一边演示实验，一边向众人展示自己的研究成果。

高尔顿这次演示的东西，被后人称为"高尔顿钉板"，如图 2-6 所示。

高尔顿钉板是一个平板，下面有很多垂直的竖槽，槽上面是一些排列成三角形的小隔挡。首先，让一个小球从最上方掉下去，它会遇到各个隔挡的阻碍，最终落到一个竖槽里面。每个小球落入竖槽之前的运动完

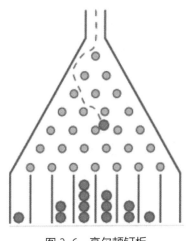

图 2-6 高尔顿钉板

全是随机的，但是当你放了很多很多小球之后，它们在竖槽中的数量就会呈现一个明显有规律的分布，即钟形曲线。

其实这就是正态分布，高尔顿演示的这个实验是为了说明，人的身高和智商等是遗传的，可能受多个遗传因素影响，但是这些多个因素叠加在一起，结果呈现了正态分布。

这也不是什么稀奇事，但是高尔顿在竖槽下面又放上了一些隔挡，然后隔挡下面再放上第二排竖槽，如图 2-7 所示。

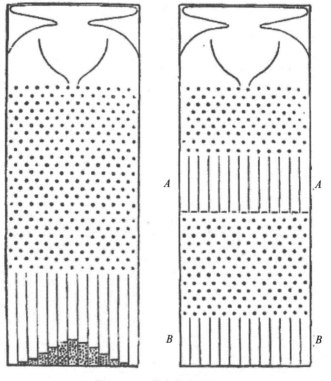

图 2-7　两代人身高的模拟

这就模拟了两代人的身高。第一排，代表着第一代人的身高分布，是正态分布，那么第二代人再一次遗传，到达最下面的竖槽，难道还是正态分布吗？

没错，最下面的竖槽中的小球数量依旧呈正态分布，但更宽广，用数学术语来说，就是其"标准差"比第一代更大。这就意味着，每一代人身高的标准差会越来越大，也就是身高特别高的人和特别矮的人应该是一代代越来越多。

可是，真实世界却并不是这样的，身高特别高的人和特别矮的人并没有很多，绝大多数人都处于平均身高的区间，也就是说，现实中人的身高依旧处于一个比较平稳的状态。

高尔顿还考察了 605 个英国名人，发现这些名人的孩子们，普遍不如名人自己有名。

当理论与现实不一致时，就需要一个解释了。高尔顿将这个现象称为"回归均值"。在这个世界，似乎总有一股无形的力量，将你拉回平均值。高尔顿对此百思不得其解，直到 1889 年，他似乎才将这件事想明白。

高尔顿考察了英国男子身高和手臂之间的关系，他发现，身高特别高的人，手臂也都比较长，但是问题来了，他们的手臂并不是最长的。这就像最聪明的父亲没有生出最聪明的儿子一样，手臂相对于身高，也出现了回归均值。

高尔顿将这种关系称为"相关"，这就是"相关性"这个概念的起源，他是第一个意识到"相关不是因果"的人。

相关性，这是一个在许多领域都十分重要的概念。它描述的是两个或多个事物之间存在的某种关系或相互影响。这种关系可能是直接的，也可能是间接的；可能是因果关系，也可能是伴随关系。

在科学研究中，相关性是用来衡量两个或多个变量之间的关系强度和方向的一种方法。比如，我们可以通过相关性分析来研究一个人的教育水平和他的收入之间是否存在关系，以及这种关系的强度如何。如果教育水平越高，收入也越高，那么我们可以说这两个变量之间存在正相关关系。反之，如果教育水平越高，收入反而越低，那么我们可以说这两个变量之间存在负相关关系。

在数据分析中，相关性是一种常用的统计工具，用于探索数据的内在结构和规律。通过计算相关性系数，我们可以了解数据之间的关系强度和方向，从而为进一步的数据分析提供依据。

但是，要注意，相关性并不等同于因果性。比如，孩子父母的聪明程度与孩子的聪明程度之间只有相关性，并没有因果性。这也就是说，就算孩子的父母都毕业于一流大学，他们的孩子也可能上普通大学。反过来也一样，就算孩子的父母都没考上大学，他们的孩子也可能考上清华大学或北京大学。

因此，父母的现在并不能决定我们的未来可以走多远，决定我们未来能走多远的，更多的还是我们自身的原因，这在统计学上已经得到一定的证实。

　　加油吧，未来可期。

我们来回忆一下，学到了什么。接下来，我们要透过数学，重新认识整个世界。

## 知识点回顾

☆ 我们要看到那些成功者，更要看到那些失败者，他们往往更能说明一些问题。

☆ 化繁为简，是一种智慧，也是一种数学思维。

☆ 这个世界并不是一成不变的，只要条件发生了变化，概率也会发生变化。

☆ 数学的结论，有可能是反直觉的，会让人大吃一惊。

☆ 坚持做对的事情，哪怕进步是微不足道的，但只要时间够长，就可能产生影响巨大的滚雪球效应。

☆ 某件事与另一件事有相关关系，并不代表某件事就是另一件事的原因或结果。

# 第三章

数学，
帮我们认识整个世界

# 01

## 人类用两种工具认识世界

　　无论人类历史向前发展多少年，我相信，17 ~ 18 世纪的欧洲都将在人类历史中占据着一席重要之地。

　　借用英国文学家狄更斯在《双城记》中的一段话，这段时期可谓是：

　　这是一个最好的时代，这是一个最坏的时代；这是一个智慧的年代，这是一个愚蠢的年代；这是一个光明的季节，这是一个黑暗的季节；这是希望之春，这是失望之冬；人们面前应有尽有，人们面前一无所有；人们正踏上天堂之路，人们正走向地狱之门。

　　在这一时期，无论是社会科学还是自然科学，都迎来了蓬勃发展的黄金岁月，数学、物理、化学与哲学正在从此前的愚昧昏暗走向智慧光明。这一时期留下来的各种思想在今天已经成为各学科的基石。

## 经验与理性，争了几百年

数学往往是思想的产物，是大脑活动之后的成果。随着思考方式的演变，人们对数学的理解也愈发深入。哲学与数学总是有着千丝万缕的关系，它们都十分看重逻辑推理能力。在启蒙时期，哲学在欧洲迎来了两股势力的对抗，分别是经验主义与理性主义。

人们通过理性获得知识的办法有两种，一种是归纳法（归纳推理），即分析判断，把前提里已经存在的内容分析提取出来，这是经验主义；另一种则是演绎法（演绎推理），即综合判断，把若干具体事件综合起来，推断出一个普遍的规律，这是理性主义。

大家都在试图找到客观性的答案，莱布尼茨认为，只要找到了世界背后的法则与规律，客观性就是存在的，且不以任何人的意志为转移。莱布尼茨的单子论可谓是理性主义的集大成者，他认为，在这个经验世界之外，还独立存在一套逻辑，一个人只要充分发挥理性思维能力，他就能无限获得真理，哪怕是闭门家中坐，也可以知道天下的真理。

休谟却认为，这个世界根本就不存在什么客观性，我们也不可能获得任何客观的知识。传统的因果律被他质疑，他认为，两件事情只有时间上的先后关系，并没有逻辑上的因果关系，甚至我们无法通过理性或观念确保明天太阳依旧会升起。人一旦离开了观念，理性就无法发挥作用，而观念只有通过经验才能获得。

于是，这两拨人争来争去，各自走到了自己理论的极致。理性主义走到极致就是"独断论"，经验主义走到极致就是"怀疑论"。

这个时候，德国思想家伊曼努尔·康德横空出世，他认为，这两派的结论都是错误的，他读了休谟的著作后，大为震撼，据他自己所说，他是被休谟从"教条主义的迷梦"中唤醒的。康德认为，按照休谟的逻辑，这个世界就是一片虚幻，人们不可能得到长期且有用的知识，这对整个社会都可能是一场巨大的灾难。而莱布尼茨的理性主义也存在着错误，原因是其几乎无法证伪。

## 哲学家康德的伟大数学发现

康德认为，经验和理性都不能单独提供知识，前者提供没有形式的内容，后者则提供没有内容的形式。鉴于此，只有将二者结合起来，才有可能获得知识。任何知识，多少都会带着经验印记或理性印记。否则，这样的知识也不可能存在。同时，这样的知识也并非来自个人的观点，它具有普遍性。

康德一方面重新审视了他原来的理性主义的认识论，一方面又试图摆脱怀疑论带给他的震撼。他的哲学从知识的普遍必然性开始，不同的是他并不怀疑普遍必然性原则存在，他认为自己要做的是为已有的科学知识寻求其可能性的条件，并划

定科学知识的范围，从而为科学重新奠定牢固的基础。为了说明这一点，康德主张"调和"经验主义和理性主义。

康德将认识的阶段分为感性、知性和理性 3 个阶段。他认为，真正的知识其实都是经验知识，我们的一切知识都以经验开始，但并不能说一切知识都来自经验，因为在经验中就已经有先天知识的成分了，否则经验本身也不可能形成。

那么问题来了，什么是先天知识呢？先天知识是与经验知识相对的，先于经验的知识。这里的先天，并不是天生的、与

生俱来的意思，而是时间上在先的，在经验之前的。在这点上，康德继承了理性主义的观点。

康德举过一个例子，说一个人正在挖一所房子的墙脚，另一个人看到后，提醒他，别挖了，你再挖，房子就要倒了，挖墙的人问，你怎么知道这个房子要倒呢？你有没有这个房子被挖倒的经验呢？

或者，再举个例子，我天天喝可乐，一天喝一箱，你看到后提醒道，别再喝了，再喝你就要得病了。那么问题来了，请问，你怎么知道我会得病呢？我以前没有病过。

也就是说，这一切经验都还没有发生，你就已经知道了，就已经预见到了未来。

鉴于此，康德给先天知识下了两个定义，它既具有普遍性，放之四海皆准，又具有必然性。这是先天知识的两个本质属性，比如在平面内，三角形的内角和是180°。因此，有人说，数学是先天知识，是先于经验的知识，而其他学科，甚至就连物理和化学都是经验知识。

康德告诉我们，虽然我们的心灵天生具有能力，但是如果没有经验的材料，那些先天的框架就是空的，毫无意义。这与理性主义相悖，因此许多哲学家认为，有些知识是不需要通过经验去得到的，是独立于经验之外的，比如数学，比如圆。你见过圆吗？我们在现实中可从来没有见过真正的圆，一切现实的圆都不是完美的圆，但我们却能够认识圆，这就是独立于经验的知识，我们无法从经验中获取一个完美的圆，只能得到带有瑕疵的圆。

因此，康德认为，所有的知识都是从经验开始的，但是，请注意，只是从经验开始，并不是所有知识都来自经验。否则，我们就不可能会有圆的知识，我们在现实中也不会有"1、2、3、4"这样的概念，在现实中，这些都不存在，存在的只是"1个人""2只眼睛""3条狗""4个方位"。

那么问题又来了，什么是知识呢？在康德看来，知识总是以判断的方式出现，比如，张三是一个男性。这句话就是一个知识。知识只有形成了判断才算是知识（这可能会让你想起语文文言文中的判断句，比如，陈胜者，阳城人也，字涉。吴广者，阳夏人也，字叔。这就是一句判断句）。糖和甜的都不是知识，糖是甜的才是知识。

但是，通过判断得来的知识，靠谱吗？是真的吗？

## 如何得到靠谱的知识

康德将判断分为2类，一类是分析判断，一类是综合判断。通过归纳法，我们可以得到分析判断，通过演绎法，我们可以得到综合判断。

那么，什么是分析判断呢？它是指判断的宾词原本就蕴含于主词之中，实际上是把早已蕴含在主词之内的东西解释出来而已。说得通俗点，分析判断都是废话。

这样的分析判断其实有很多，举几个例子方便大家理解，"三角形有 3 个内角""一切物体都是有广延性的""正常人有 2 条腿""苏格拉底是会死的"，这种知识就是分析判断，宾词只是主词的补充说明，宾词就蕴涵在主词之中，就仿佛是一种天然的"你不说我也知道"。

那么，什么是综合判断呢？它指的是宾词并不包含在主词之中，是后来人根据经验加在主词上的。比如"苹果是红的""张三是高的""这本书是有趣的"。

苹果未必都是红的，还有绿的；张三未必高，可能刚好只达到平均身高；这本书未必是有趣的，可能……也很无聊（但愿你不认同这个结论）。

在综合判断中，宾词未必是主词的天然属性。

让我们仔细研究一下这两种判断，我们发现，分析判断基本都是废话，也是天然正确的，或者你一眼就可以判断它是错的，具有普遍性和必然性，是先天知识，但是你发现了吗？分析判断不能给你更多的信息，它的信息熵是 0。虽然综合判断有信息熵，但未必靠谱。

怎么办呢？我们希望综合两种判断的优点，这样，我们就可以得到既准确，又有信息熵的知识。康德提出了"先天综合判断"，就是将两种判断结合起来，只有这样，我们才能有真正的科学知识，既有普遍的必然性，又有新的内容。

比如"两点之间，线段最短"或说"两点之间最短的是线段"，这句话其实是通过先天综合判断得出的。

但是，问题来了，在黎曼出生之后，我们知道，只有在平面几何中，"两点之间最短的是线段"才是成立的，这句话放到黎曼几何中，就不靠谱了。因此，先天综合判断只在一定范围内具有必然性和普遍性。

胡适曾言"大胆假设，小心求证"，这句话可以这样来分析一下，"大胆假设"是得出一个综合判断，我们知道，综合判断是可以带来新知识的，它的信息熵可以是很大的，越大胆的想法，信息熵就越大。但是，它有一个缺点，就是未必正确，未必靠谱，这个时候，我们就需要"小心求证"，用分析判断来弥补综合判断带来的不靠谱。

在生活中其实也是这样，对于任何事物，我们都要保持一定的开放态度，让更多的综合判断来到我们身边，之后我们再用分析判断来取长补短。

请保持一颗开放的头脑吧，这有助于我们更好地理解这个世界，当然，也有助于我们理解数学。

# 02

## 数学的核心是逻辑

在一般情况下，我们可以将数学的核心内容分为 3 个方面：计算、抽象和逻辑。这 3 个方面相互交织，共同构成了数学的基础框架。

无论是简单的加减乘除，还是复杂的微积分运算，都离不开计算。计算是数学的基本工具，是我们理解和掌握数学知识的基础。因此，计算是数学的基础。

数学不只有一堆数和公式的堆砌，还有它背后的抽象思维。通过抽象思维，我们可以将复杂的问题简化，将具体的问题一般化，从而更好地理解和解决问题。抽象思维是数学的灵魂，是我们理解和掌握数学的关键。因此，抽象是数学的本质。

至于逻辑，则是数学的精髓，甚至这个世界上的所有学科，都离不开逻辑。因此可以说，逻辑不仅是数学的精髓，还是这个客观物理世界的内在法则。随着人们对世界的不断探索与对精神世界的持续挖掘，逻辑已经成为一门独立的学科——逻辑学。

世界上第一个系统研究逻辑并写下著作的人是古希腊哲学家亚里士多德，他的逻辑学无疑是成功的，因此他也被称为"逻辑学之父"。2000多年后，德国哲学家康德如此称赞他："自从亚里士多德以来，逻辑学既没有一丁点的进步，也没有一丁点的退步。亚里士多德似乎凭借一己之力，一劳永逸地成全了逻辑学。"

任何学科都由包含基本原理的知识组成。逻辑学，作为一门学科，同样有它的基本原理。而且，逻辑学的特别之处在于，它的基本原理不仅是关于逻辑学本身的，而且和所有学科都有关系。甚至，逻辑学的基本原理和人类理性的基本原理是一致的。

简单来讲，逻辑学的几个基本原理就是：同一律、排中律、充足理由律和矛盾律。

# 同一律：我是我，你是你

什么是同一律呢？就是一个事物只能是其本身。我是我，你是你，我不可能是你，你也不可能是我。

同一律在我们的思维中是如此重要，甚至我们的整个社会都建立在同一律之上。如果没有同一律，我们的社会就会陷入一片混乱。

比如警察在抓捕违法犯罪的嫌疑人时，如果有监控录像拍到张三在某家商店偷东西，那么警察就可以据此判断张三具有重大的作案嫌疑，从而对他实施逮捕，维护社会治安。警察之所以逮捕张三，是因为"同一律"这个原理。张三只能是张三，不可能是李四，因此张三偷了东西就抓张三，而不是抓李四，或者街上随便找个人抓起来。

想一想，若是大家做事都违反"同一律"，那我们岂不是整天活在提心吊胆中，任何人都可能因某种"莫须有"的理由而被警察逮捕，抑或是莫名其妙就摊上一堆不属于自己的事。

同一律的另一个深层含义是，对于任何事物或命题，如果它们在某一时刻是相同的，那么在任何时刻它们都是相同的。

这就是说，昨天的你和今天的你，以及未来每一个时刻的你都是同一个人。比如昨天张三偷了东西，那么到了今天，他依然要为昨天的所作所为而负责，他不会睡了一觉就变成另一个人了。

因为同一律的存在，所以我们视野所及的世界是连续的（当然，在微观的量子力学世界中，世界未必是连续的，但这显然不是这本书要讨论的内容）。你今天考试之所以取得了好成绩，是因为过去的你努力学习了。别人的努力并不会给你带来任何成绩的提升，唯有自己的努力才能决定自己未来的成绩。

## 排中律：张三要么是一个人，要么不是一个人

什么是排中律呢？就是对于任何事物在一定条件下的判断都要有明确的"是"或"非"，不存在中间状态。

张三要么是一个人，要么不是一个人（比如一条狗），不存在"张三既是人又不是人"的情况。再比如，昨天下午 3 点，你要么在家，要么不在家，不可能会有"昨天下午 3 点，你在家又不在家"的情况。

如果你喜欢看推理小说，那么你肯定经常看到这样的桥段，警察在排查犯罪嫌疑人的时候，总会询问相关人员的不在场证明。比如一个人在案发时在其他地方，且有充足的证据，那么他就不可能犯罪，原因是存在"排中律"。

古希腊哲学家巴门尼德认为，这个世界是不变的，变化是

不存在的，无中不可能生有。一个没有的东西，怎么可能会变成有呢？

一个事物，它要么存在，要么不存在。桌上有一沓钞票，这句话要么是真，要么是假，不可能半真半假。

你可能会有疑问，这个世界难道不是变化的吗？一些在变化过程中的事物该怎么解释呢？其实，这个世界上没有纯粹的变化，变化都是事物的变化，处于变化中的事物仍然属于事物的范畴。一辆跑车或许正处于制造过程中，我们只能说，构成跑车的零件已经存在了。跑车的"变成"依赖于这些已经存在的零件。从绝对意义上来说，没有正在变成的事物，从无到有之间没有通道。

## 因果律：宇宙的尽头是什么

因果律也可以被称为"充足理由律"。其背后蕴含的意义就是：宇宙中的事物都不能自我解释，没有什么事物是其自身存在的原因。

比如，我吃了一个蛋糕，因为我饿了，或者我嘴馋了，而不是因为我吃了一个蛋糕。因为我吃了一个蛋糕，所以我吃了一个蛋糕，这在逻辑学中，是错的，是不可理喻的。

如果一个事物是其自身存在的原因，那么会发生什么呢？

会造成逻辑上的混乱。想想看，如果一个事物是其自身存在的原因，那就意味着它要先于自身存在，这怎么可能呢？

因为因果律的存在，所以我们这个世界是稳定的，甚至我们可以利用科学技术和观测手段，从现有的结果不断往前倒推。我们甚至倒推到了宇宙的起点，那可是发生在 138 亿年前的事情。

任何事物往前追溯，都会追溯到一个原点，它是万事万物变成今天这个样子的终极因。

因果律给了我们解释这个世界的理由，正如在物理学中，没有物质可以凭空出现，也没有物质可以凭空消失（能量守恒定理）。一件事会发生，从逻辑上讲都有其理由。比如，你这次考试考得比上次差，可能是因为你这阵子偷懒了，回家没有好好复习，抑或是这次考试的确太难了，大家普遍考得不好。就算是你觉得可能是因为运气不好，发挥失常，也是理由。

但是请注意，因果律的存在不是为了让我们给自己做错的事找理由、找借口。它只是一种解释，并不是我们可以逃避责任的理由（或借口）。

## 矛盾律：黑的反面不是白

矛盾律，指的是在同一时刻，某个事物不可能在同一方面既是这样又不是这样。

矛盾律可以看作"同一律"的延伸，正如一枚硬币的正反两面。如果 A 是 A，那么在同一时刻，它就不能是非 A。但是请注意，同一个事物在不同方面"既是又不是"是不矛盾的。比如，你可能经常有这样的时候，明明人坐在教室里，但同一时间，心思早已飘到了九霄云外。这是同一个事物的不同方面，不矛盾。

针对同一个事物，如果出现了两个完全相反的命题，则它们是矛盾的，比如：

1. 写这本书的作者是男人。

2. 写这本书的作者不是男人。

这两个命题不可能同时成立，如果其中一个成立，那么另外一个必然是不成立的。

这里再补充一点，为什么上面的第二句话说的不是"写这本书的作者是女人"呢？因为 A 的反面不是 B，而是非 A。我们小学语文学过反义词，比如"高"的反面是"矮"，"大"的反面是"小"，其实，从逻辑学的角度看，这些说法都是不严谨的。严谨来讲，"高"的反面是"非高"，也就是"不高"，"大"的反面是"不大"，而不是小。这就相当于"＞"的反面不是"＜"，而是"≤"。

很多人会掉入"非黑即白"的陷阱中，"黑"的反面不是"白"，而是"非黑"。这是我们在数学中尤其要注意的地方，比如在很多题目中，当我们讨论了"大于某个数"的情况后，还要考虑"小于等于这个数"的情况。

有时我们之所以身陷矛盾而不自知，是因为我们忽略了它所代表的客观事物。如果我们可以不为此疏忽负责，那么身陷矛盾是可以原谅的。但是如果我们要对某个重要事物做出深思熟虑的论断，也就是和我们自身利益息息相关，那么身陷矛盾会让我们自己吃亏，甚至吃大亏，比如考试的时候莫名其妙丢了很多分。

同一律、排中律、因果律和矛盾律可以说是逻辑学中的四大基石，就像四大金刚一样默默维护着逻辑学的稳固与持久。逻辑学的基本原理是不证自明的，它反映的是绝对基础的事实，是人类意识行动的首要基础。

如果一个人背叛了良心，那么他对不起自己、对不起这个社会，但若是一个人背叛了逻辑，背叛了数学，那他就是将自己放逐到一个荒芜的世界中，那时候，他对不起的将是整个宇宙。

# 03

## 推理，不是侦探的专长

在数学的世界中，推理无处不在，我们经常遇到的证明题，靠的就是"推理"这一强大的思维武器。

在我们的日常生活中，我们也经常使用推理，比如，今天是星期五→明天是星期六，这简简单单的两句话中就包含着推理。我们还可以继续推理下去：明天是星期六→学校放假→我可以不用来学校→我可以睡懒觉……

推理有好的，也有不好的，首先我们要明白，推理建立在逻辑学的基础之上，因此，经得起逻辑推敲的推理，就是好的推理；而无事生非、捕风捉影、胡乱猜测，就是不好的推理。

推理的思维过程，具体可以分为归纳推理、演绎推理和类比推理。

这里，我们主要讲归纳推理与演绎推理，虽然二者只相差两个字，但其背后有着截然不同的思维方式。

## 归纳推理：火鸡科学家

有一个关于火鸡的著名故事，它也曾出现在刘慈欣的科幻巨著《三体》中。

在遥远的农场里有一群火鸡，农场主每天早上 10 点会来给他们喂食。在这群火鸡中，有只火鸡特别聪明，就相当于我们人类世界的科学家。这只科学家火鸡经过近一年的观察，向同类宣布自己发现了一条伟大的火鸡界真理：每天早上 10 点，会有食物降临。

到了感恩节这一天，这群火鸡像往常一样，早早就起来了，等着食物的降临。不过这一次，它们等来的不是食物，而是农场主的快刀。它们都被捉去，变成了农场主感恩节餐桌上的食物。

科学家火鸡经过长期观察而得出结论，运用的就是归纳推理。

简单来讲，归纳推理就是在没有任何理论前提下，基于一些事实出发，进而得出一个结论。

这个得出来的结论，有的时候靠谱，有的时候不靠谱，比如上面故事中的火鸡。

归纳推理所用到的归纳法，其实已经有很悠久的历史了。

我们的祖先刚刚从树上下来的时候，对整个世界的理解都极为有限。毫不夸张地讲，他们的头脑中并没有任何科学理论，他们靠的就是对经验世界的观察与总结，一步步建立起了我们的文明大厦。

归纳推理得出来的结论并不总是靠谱的，比如在几百年前，那时候的欧洲人还没有发现新大陆。他们在日常生活中看到的天鹅都是白色的，因此他们归纳推理出"天鹅都是白色的"这个结论。后来，随着大航海时代的来临，欧洲人在澳大利亚发现了一只黑色的天鹅，他们之前的那个结论就被推翻了，实际上，天鹅不都是白色的。

尽管如此，归纳推理依旧在我们的社会中发挥着重要的作用。比如，我们很容易就发现，那些上课认真听讲，回去后认真复习的同学大都能在考试的时候取得好成绩，那么我们得出结论"认真听讲和复习可以取得好成绩"。这个结论至少是靠谱的。

当我们试图使用归纳推理时，需要注意的是，一定要谨慎。火鸡科学家的判断失误与欧洲人的错误结论，本质上是因为他们归纳的样本不够多。一年的时间对你来说可能很长，足够让你从初一升到初二，但对归纳推理来说又显得短暂且特殊；欧洲人靠归纳推理得出的结论只在欧洲成立，但整个世界不只有欧洲，更何况欧洲只是地球上的一小部分。因此，要避免陷入归纳推理的谬误，我们需要观察更长的时间与更多的样本。

我们只能说，归纳推理的前提对结论有一定程度的支持，但它们无法保证从"为真"的前提中可以得出"为真"的结论。

如果你知道什么是质数（质数：大于 1 且只能被其本身或 1 整除的自然数）的话，那么我们来看一个推理。

4 是两个质数之和：4=2+2

6 是两个质数之和：6=3+3

8 是两个质数之和：8=3+5

10 是两个质数之和：10=5+5

12 是两个质数之和：5+7

……

由此我们得出结论，任何大于 2 的偶数，都可以写成 2 个质数之和。

如果你能看懂上面这个例子，那么恭喜你，你已经看懂了什么是哥德巴赫猜想。

也许你知道，哥德巴赫猜想还只是一个猜想，尽管现在还没有发现一个反例，但数学是非常严谨的，再多的归纳推理也无法得出为真的结论。一个结论要想在数学上成立，就必须符合演绎推理（关于演绎推理，我会在下面具体阐述），而不是归纳推理。

尽管如此，归纳推理还是被应用在我们生活的方方面面，在物理、化学、生物、医学等领域，归纳推理依然是一个强有力的思维工具。只不过，人们在归纳推理的时候，也是比较慎重的，不会因几个例子就轻易下结论。

## 演绎推理：亚里士多德的三段论

除了归纳推理，还有演绎推理。

数学是一门很特殊的学科，它是一门靠演绎推理组成的学科。比如我们知道"1+1=2"，那么我们可以得出结论"1+2=3"。

在二维平面中，如果我们知道"两条直线没有交点"，那么我们可以得出结论"它们是两条平行线"。

或许你听说过"数学归纳法"，虽然其中有"归纳"两个字，但其本质却是一种"演绎推理"。

相比于归纳推理，演绎推理只要前提条件为真，那么得出来的结论就是为真的，是普遍的，是放之四海皆准的。演绎推理是一种逻辑推理方法，它通过已知的事实和规律来推导出新的结论。

"逻辑学之父"亚里士多德提出来的三段论就是最典型的演绎推理。

大前提：所有人都是会死的。

小前提：苏格拉底是人。

结论：苏格拉底会死。

做数学题的时候亦是如此，我们从已知的定理或公理出发，经过一步又一步的推理和计算，最后得出一个答案，这就是演绎推理。

在我们日常生活中，我们经常使用"讲理"这个词。其实，从本质上来说，"讲理"就是运用演绎推理的过程。我们需要学习科学知识、掌握各种理论，这些都是为了更好地运用演绎推理。

演绎推理的要点是，首先，我们不能仅满足于记住别人给出的结论，而应该努力去理解和掌握相关的理论知识。这样，我们才能在面对不同问题和情境时，灵活地运用这些理论知识，举一反三地进行思考和分析。其次，我们需要具备一定的逻辑思维，能够清晰地梳理事实和规律之间的关系，从而推导出正确的结论。最后，我们还要学会在实际生活中运用演绎推理，将所学的理论知识与实际情况相结合，解决实际问题。

我们来看一个推理。

如果 $n$ 是大于 2 的整数，那么方程 "$x^n + y^n = z^n$" 没有正整数解。

你会感觉这个方程有点熟悉，没错，我们在第一章的最后提到过它，它就是费马大定理。

不知你是否注意到了，我之所以将这个方程叫作"费马大定理"，而不是"费马大猜想"，是因为这个定理已经在 1994 年被安德鲁·怀尔斯用演绎推理证明出来了。

如果我们只是用一个又一个大于 2 的整数代入方程的 $n$ 中，那么无论我们用了多少个整数，都无法在数学上证明这个定理。这个方程要想在数学上成为定理，就必须通过演绎推理证明。

# 04

## 数学也许是一首诗

有一首诗，名叫《孤独的根号三》，原作者是卡内基·梅隆大学计算机学院的一位教授——大卫·范伯格。译文如下。

我害怕，

我会永远是那孤独的根号三。

三本身是一个多么美妙的数字，

我的这个三，

为何躲在那难看的根号下。

我多么希望自己是一个九，

因为九只需要一点点小小的运算，

便可摆脱这残酷的厄运。

我知道自己很难再看到我的太阳，

就像这无休无止的

1.7321……

我不愿我的人生如此可悲。

直到那一天，

我看到了，

另一个根号三。

如此美丽无瑕，

翩翩舞动而来，

我们彼此相乘，

得到那梦寐以求的数字，

像整数一样圆满。

我们砸碎命运的枷锁，

轻轻舞动爱情的魔杖。

我们的平方根，已经解开。

我的爱，重获新生。

我无法保证能给你童话般的世界，

也无法保证自己能在一夜之间长大。

但是我保证，

你可以像公主一样永远生活在自由，幸福之中。

数学与诗就这样结合在了一起，无独有偶，古希腊数学家毕达哥拉斯在得出"毕氏定理"（勾股定理）的时候，似乎过于兴奋，于是他通过一首美妙的诗将其表述了出来：

斜边的平方，

如果我没有弄错，

等于其他两边的平方之和。

北宋诗人邵雍也曾写过一首《山村咏怀》："一去二三里，烟村四五家。亭台六七座，八九十枝花。"

从 1 到 10，这个世界上最自然的 10 个数，就这样被排进了一首诗中。

一二三四五六七……

# 数学，也是一门语言

也许你对这个标题很困惑，数学怎么会是一门语言呢？

语言是为了交流与沟通，而数学，则是一门比自然语言还要精确的语言。

数学是一种用于描述和表达数量、结构、变化和关系的系统化语言。它通过符号、符号规则和逻辑推理来表示和解释现实世界中的各种概念和现象。就像其他语言一样，数学也有自己的语法和词汇，可以用来进行交流和沟通。

你可能经历过这种情况，和朋友们沟通了半天，最后才发现原来两个人说的并不是一件事，或是不同的人对同一个名词或概念的定义与理解不同。比如，你觉得今天很热，但你朋友可能并不这么觉得，相反也可能还会觉得冷。的确，你们是在用中文交流，但自然语言（英语、法语都是自然语言）充满了歧义与误会，每个人对冷热的理解也不一样。但若是你说"今天平均气温37℃"，这就是在自然语言中引入了数学语言，那么无论是中国人还是外国人，对这点都不会有歧义。（当你觉得−10℃的气温很冷的时候，生活在北欧的人可能会觉得这温度并不算冷）

人与人之间因语言交流的误会发生过许多矛盾，大到国家与国家之间的战争，小到人与人之间的争吵。

戈特弗里德·威廉·莱布尼茨是德国的数学家与哲学家，他可能是欧洲最后一个通才，他在数学与哲学上的成就只是他闪耀人生中的一小部分，他在法律、政治、历史、文学、逻辑这些领域都有过杰出的贡献。

无疑，这样的人就是一个学霸，学霸思考问题往往比普通人更深入一点。莱布尼茨并不是从小研究数学的人，他可以说与数学相见恨晚。直到他 26 岁那年，莱布尼茨才在惠更斯的引导下走进了数学的世界。在此之前，他对数学几乎一无所知，他在大学学的是法律。

莱布尼茨从小就有一个梦想，那就是建立一套普适的数学符号，这也被称为"普遍文字"。借助它，世界上所有民族都能相互了解。这些数学符号可以用数量表示，于是，"这种语言的符号和文字，将会起到像计数的算术符号和计量的代数符号一样的作用"。他觉得"必然会创造出一种人类思想的字母，通过由它组成的联系和词的分析，其他一切都能被发现和判断"。

而要建立这套普遍文字，只有通过数学，或者说计算。莱布尼茨认为要用计算的方法，把一切概念性的东西都用简单的数字来表示，从数学的变换来了解概念。这样得出的论证，因为是计算出来的，所以准确无误，也就不会产生分歧。以后若是哪两个人发生了争论，就算是来自两个不同的民族，他们只要拿起笔算一算，就能判定出谁对谁错，也就不需要再打口水仗了。这很符合他的理性主义哲学，他认在这个世界的背后有一套准确无误且不容辩驳的真理存在。

在莱布尼茨之后，一些数学家都在为找到这套终极的普遍文字而努力，甚至穷尽自己的一生。目前来讲，虽然距离完美还有一段距离，但在数学界内部，莱布尼茨的梦想可以说已经实现了一半。

一个外国人，哪怕是根本不懂中文，但只要他懂数字和数学符号，就可以和一个中国人用数学语言交流，且只要双方都秉持着理性的态度，就不会有任何分歧与矛盾。当然，他们只能交流数学。

## 抽象，是数学与语文的交点

抽象是数学的核心内容之一，但抽象不仅属于数学，也属于语文。

当我们说"晚风很温柔"（拟人）时；当我们说"白云像棉花糖"（比喻）时；当我们说"正如达尔文发现有机界的发展规律，马克思发现了人类历史的发展规律"（类比）时，实际上我们都是在运用我们的抽象思维能力。

人类的抽象思维能力可以分成4类。

第一类叫"眼见为实"，比如你现在手上捧着的这本书，你看到了，它就在你面前，你能够摸到它的纸张，感受到它的存在。

第二类叫"想到为实"，比如你在看这本书的时候，你觉得很有意思，并想到了一位同学，等着明天把这本书推荐给他。你的同学虽然是存在的，但此刻并不在你面前，你看不到他，你只是在脑海中想到了他。

第三类叫"眼见为虚"，指的是我们思考的事物在现实世界中其实是没有的，但我们能够虚构出来。比如龙、比如凤凰，甚至鬼怪等，这些东西在现实中并不存在，但我们能够想到它们，甚至将它们绘声绘色地讲出来、画出来。

第四类叫"想到为虚"，到了这一层次，基本就是到了数学的抽象思维层次，比如"0"（各种数字），比如"虚数"（各种概念），现实世界中根本就不存在这些东西，但我们能够想出来。

这是一类更高层次的抽象思维能力，前面的 3 类抽象思维能力，在语文中更常见。

因此，数学学得好的人，语文往往也不会差。但你肯定也听说过偏科，似乎数学与语文天生就是一对冤家，很多语文好的人数学不好，很多数学好的人语文不好。实际上这只是一种个人的懒惰，我们天然将语文与数学割裂开了，认为这是两个八竿子都打不着的学科，因而形成了一种思维定式，一种偏见。在此类自证预言的前提下，很多人自然就会偏爱某一科。

若是你拥有更广阔的视野，你会发现，语文与数学并不存在天然矛盾，很多学习好的人，不是只有一门或几门成绩好，而是门门都好。

比如，语文的阅读理解，需要在文中进行推理，而推理正是构成数学大厦的砖块。

再比如，很多人做错了数学题目，可能是粗心，在解题过程中计算出错了，但更大的可能是题目没读懂，审题不清，因此丢了分。有些时候，只要我们读懂了题目，就会有种豁然开朗的感觉，就像一切迷雾都散开了一样。

你看，语文与数学，就像是两条相互缠绕的线条，它们互相独立，又互相依存。

## 数学，是人与生俱来的能力

有一道数学思维题非常有意思，假设现在桌子上有 4 张卡片，每张卡片都有正反两面的符号，一面是数字，另一面是字母。你能够看到的是各张卡片朝上的一面，因为另一面与桌子贴在了一起，所以你看不到。

现在，你看到 4 张卡片上的符号是：F、I、8、7。你旁边的张三告诉你，这 4 张卡片上的符号都遵循一条规律：如果卡片一面的符号是元音字母，那么另一面的符号一定是偶数。

你不知道张三是不是在欺骗你,因此你要去翻开那些卡片来看看他说的是真的还是假的。当然,最简单的办法就是将卡片全部翻看一下,对照一下,但这个办法显然太普通了,属于笨办法。现在要问的是,你最少需要翻看几张卡片就能判断出张三说的对不对呢?

你仔细思考一会儿后,好像明白了问题所在,你觉得应该翻看印着字母的那 2 张卡片,于是你决定先去翻一下 I,如果它背后不是偶数,那张三显然就错了,不用继续翻下去了;如果是偶数,则再进行下一步。

至于那张 F,无论它背后是偶数还是奇数,其实都和张三的话没有关系。

接下来就是印着 8 和 7 的卡片,你觉得应该要翻看一下 8,而不翻看 7,如果 8 后面是元音字母,则张三对了,如果不是,张三就错了。如果你是这么想的,那我要很抱歉地告诉你,你错了。

张三说的是:如果卡片一面的符号是元音字母,那么另一面的符号一定是偶数。也就是说,8 的后面,无论是元音字母还是辅音字母,都和张三的话没关系。张三的那句话中,并没有"如果一面是偶数,那么另一面一定是元音字母"的含义。

而那张很多人忽略掉的 7,才是关键的,是要翻看的,如果 7 的背后是元音字母,那么张三就错了。

或许你已经有些晕了,如果你答错了,不要气馁,没关系,很多人都答错了。

接下来这个游戏会更简单一点，我们都知道，在各个国家，未成年人不能喝酒，假如现在有一个警察来到了一间饭店，看到 4 个人的面前都各自摆放着一瓶饮料，有可乐，有矿泉水，也有酒类。可乐的颜色非常深，但矿泉水和白酒都是无色的。这个警察所管辖的街区有一条规定：未满 18 岁的人不能喝酒，一旦喝酒了，就要受罚。

这个警察想知道这 4 个人的年龄，于是让他们将身份证拿出来，放在桌子让他检查。其中，有 2 个人的身份证是反面朝下放的，警察需要翻过来才能知道他们的年龄。

现在的情况是，在身份证反面朝下放的 2 个人中，一个人喝的是可乐，另一个人喝的是啤酒，身份证反面朝上放的 2 个人中，面前饮料的液体颜色都是无色的（可能是矿泉水，也可能是白酒），一个人已经满 18 岁，另一个人未满 18 岁。

请问，警察该上去检查谁的身份证和谁的无色饮料呢？

这道题很简单，相信你很快就能得出答案，那个喝可乐的，无论是否成年，都无关紧要，警察要检查的是那个喝啤酒的人的身份证，检查一下他的身份证。至于另外 2 个人，警察只需检查那个未满 18 岁的，上前闻一闻他的饮料是否有酒精的刺鼻味道。

实际上，这道题和上面那道翻卡片的题在逻辑上是一样的，只不过那道翻卡片的题，更抽象了一点。可以说，"翻卡片"是数学语言，而"警察检查"是语文语言。

我们的数学语言能力其实是与生俱来的，瑞士著名哲学家皮亚杰热衷于儿童心理学，他通过一系列研究发现，婴儿在很小的时候就具有数学语言能力。比如，他经常将 2 份糖果放在婴儿面前，而婴儿总是能够准确地选择糖果数量较多的那份。

　　斯坦福大学的数学教授基思·德夫林曾写过一本《数学犹聊天》，在这本书中，他提到了一个非常新颖的观点：我们大脑负责处理数学运算的功能区，实际上也是我们使用语言的那个功能区。数学能力和语言能力有相通之处，数学对象之间数学关系的推理法则与社会人文关系的推理法则在本质上并无二致。

　　既然学习语言的基因是人们与生俱来的，那么我们天生也拥有学习数学的基因。

　　下一次，不要再说自己天生不是学数学的料了，只要我们会说话、会语言，就会数学。至于数学成绩为何一直不好，以及为什么我们会觉得数学很难学，可能只是我们的一种偏见吧。

　　至少，在数学上，我们下次再试一试吧。

# 05

## 数学与美术之间的关系：黄金分割

在人类历史中，在启蒙运动之前，曾有另一段时期同样给后世带来了深远的影响，那就是欧洲的文艺复兴时期。

文艺复兴，复的是古希腊与古罗马的兴，而且不仅是艺术文化的复兴，还是科学的复兴。第一章提过的达·芬奇是文艺复兴后三杰之一，他是历史上一个罕见的全才，他一生除了画了诸多绘画，还做了很多科学研究。爱因斯坦曾说，若是达·芬奇将他的研究公布出来，人类的科学进展可以直接进步50年。

达·芬奇一生留下了大约 13000 页的手稿，这些手稿的内容极其丰富。目前，比尔·盖茨拥有一套《莱斯特手稿》，这是达·芬奇最为传奇的手稿研究之一。

比尔·盖茨从佳士得拍卖行中竞拍获得此手稿，他说："一个人，在没有收到任何反馈，也无法和他人讨论的前提下，出于对美妙的知识本身的渴求而探索不止，这足以鼓舞人心了。"

如今，这份手稿被盖茨扫描到互联网上，免费供人参考。

## 达·芬奇神秘的手稿

在达·芬奇所有传世的作品中，《维特鲁威人》可谓是数学与艺术最好的结合。1487 年前后，那时的达·芬奇还没有成名，他用钢笔和墨水绘制了一幅人体比例完美的《维特鲁威人》。画中一个裸体男子在同一个位置上分别呈现两种姿势，双手平行张开的造型和双手高举的造型恰好分别嵌入一个矩形和圆形（见图 3-1）。

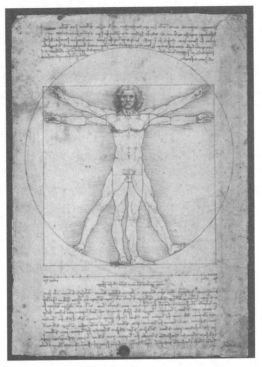

图 3-1 《维特鲁威人》（现藏于威尼斯学院美术馆）

达·芬奇在手稿中记录了自己是如何描绘完美比例的："人体自然的中心点是肚脐。如果人把手脚张开，作仰卧姿势，然后以他的肚脐为中心用圆规画出一个圆，那么他的手指和脚趾就会与圆周接触。不仅可以在人体中这样画出圆形，而且可以在人体中画出方形。即如果脚底量到头顶，并把这一量度移到张开的两手，那么就会发现高和宽相等，恰似平面上用直尺确定方形一样。"

在这幅《维特鲁威人》中，男子身体的各个部分都符合黄金分割的比例。比如，男子头部到肩膀的距离与肩膀到腰部的距离之比约为 1：1.618，肩膀到腰部的距离与腰部到脚的距离之比也约为 1：1.618。这些比例关系使得男子的整个身体看起来更加和谐美观。这幅画作也被认为是黄金分割的典范之一。

最早系统性研究黄金分割的是古希腊数学家毕达哥拉斯（或许你可以明白为什么文艺复兴复的是古希腊的兴），黄金分割的比例是 0.618。可能你会很疑惑，这个数字怎么看上去那么奇怪呢？怎么还有小数呢？为什么不是一个整数呢？这个数字究竟是怎么得出的呢？

比如，我们现在画一个矩形，它的长度是 $x$，宽度是 $y$。如果我们在其中剪去一个边长为 $y$ 的正方形，我们会得到一个边长分别为（$x-y$）和 $y$ 的小矩形，在这个新的小矩形中，长宽之比依然符合黄金分割的比例。

当然，我们可以继续剪下去，在小矩形中剪去一个边长为（$x-y$）的正方形，我们会得到一个更小的，边长分别为（$x-y$）和（$2y-x$）的小小矩形。这个小小矩形的长宽之比依然符合黄金分割的比例。

如果我们将此过程无限进行下去，每次得到的新矩形，其长宽之比都会符合黄金分割的比例。

通过以上性质，我们可以轻易算出来 $x$ 与 $y$ 的比值是 1.618

左右，更精确地讲，是 $\sqrt{5}$ 加上 1 之后的和除以 2，这是一个无理数，通常用希腊字母 Φ（读"fai"）来表示。

黄金分割为什么看起来如此漂亮？在几何学中，我们可以看到它层层递进的相似性，这种相似性实际上也反映了自然界中的物理学特性。如果我们将刚才提到的图形中的长方形不断地进行切割，然后将每个被切掉的正方形的边用圆弧来替代，我们就会得到一个螺旋线。

这个螺旋线之所以被称为等角螺线，是因为当这个螺旋线每转动同样的角度时，得到的圆弧是等比例的。换句话说，这个螺旋线的每一段都是按照相同的比例缩放的。这种等比例的特性使得这个螺旋线看起来非常和谐、平衡。

现在，让我们来对比一下螺旋线和蜗牛壳（见图 3-2）。你会发现它们之间存在着惊人的相似性。蜗牛壳的形状就是由这种等角螺线组成的。这种螺旋形状不仅美观，而且具有很强的实用性。它为蜗牛提供了一个坚固的保护壳，同时也使得蜗牛能够在各种环境中轻松地移动。

如果你曾经观察过旋涡星系的图片，你也能从中发现这种螺旋形状。这并不是巧合（可能旋涡星系也觉得黄金分割很美，因此故意长成这样），而是宇宙中的一条规律：任何东西如果从中心出发，同比例放大，必然会得到这样的形状。

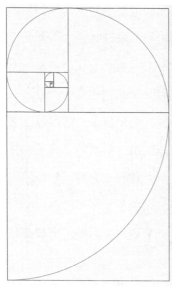

图 3-2　螺旋线和蜗牛壳

## 斐波那契的兔子

也许你听说过，兔子的繁殖速度非常快，在欧洲中世纪即将接近尾声的时候，有一个意大利数学家曾研究过兔子的繁殖问题，他就是斐波那契（比达·芬奇年轻约 280 岁），是当时少数具有开创性的数学家之一。他是西方世界第一个研究黄金分割数列的人（因此该数列被称为斐波那契数列），他使西方数学进入一个新时期。早年的时候，他在东方旅行期间见识了许多东方的数学知识，他也是第一个将未知数"*x*"带入代数中的数学家。

在他的著作《算经》中，就有一个有趣的兔子问题。

我们假设现在有一对小兔子，一公一母，且都可以正常繁殖后代。已知，每对兔子每个月能生出一对新的小兔子，并且也是一公一母，每对小兔子过 2 个月就能成为可以繁殖后代的大兔子，请问，一年后将会有多少只兔子？

这个兔子问题也就演变成了一个数列，即斐波那契数列。

1，1，2，3，5，8，13，21，34，…

通过观察，我们发现，这个数列从第三项开始，每一项的数值都等于前两项之和，由此，我们可以得出这个数列的递归公式，也是人类发现的最早的递归公式之一。

$$F_1 = F_2 = 1,$$
$$F_n = F_{n-1} + F_{n-2} \ (n \geq 3)$$

有意思的是，这个数列的通项竟然是一个含有无理数$\sqrt{5}$的式子，也就是：

**斐波那契数列通项公式**

$$a_n = 1/\sqrt{5} \left[ \left( \frac{1+\sqrt{5}}{2} \right)^n - \left( \frac{1-\sqrt{5}}{2} \right)^n \right]$$

斐波那契数列有许多重要的性质和应用，比如当 $n$ 趋向于正无穷大时：

$$F_{n+1}/Fn \approx 1.618$$

发现了吗？这就是黄金分割的比例。黄金分割在我们的日常生活中几乎无处不在，它的美丽也让人们陶醉其中。

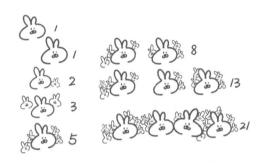

在文艺复兴之后，画家们绘画的时候，都会考虑到黄金分割比例。相信你也明白了，为什么在那段时期，数学不好的人都不好意思说自己是画画的。达·芬奇也曾说："欣赏我作品的人，没有一个不是数学家。"

## 有了透视法，画都变高级了

数学与艺术之间的联系不仅有黄金分割，还有透视法，它可以说是艺术史上最伟大的一项发明。

简单来讲，我们在用眼睛看东西的时候，只要是平行的直线，延伸到远处，最终都会汇聚到一个点上，这个点就被称为"消失点"。

在没有透视法的年代，画家们画出来的画看上去非常不真实。

比如，下面这幅画，是欧洲文艺复兴之前的画家画的，描绘的是英格兰国王与他的大臣或随从（见图3-3）。

图 3-3　中世纪绘画示例

据说，透视法最早由文艺复兴第一建筑师布鲁乃列斯基发明（意大利圣母百花大教堂的穹顶就是他的杰作），后来又被他的朋友马萨乔引入了绘画领域之中。

（另外两个是弗朗切斯卡与曼泰尼亚），乌切诺并非他的本名，而是他的绰号，在意大利语中，是"鸟人"的意思，为什么大家要叫他"鸟人"呢？因为他既擅长画鸟，也非常喜欢鸟。

除了绘画，乌切诺还是一个沉迷数学的人，他在绘画技巧上的贡献还在于对透视法的研究。自从马萨乔将透视法从建筑领域引入绘画领域之后，对当时的画家来讲，就像是出现了一个"黑科技"，他们都沉迷其中，乌切诺也不例外。与马萨乔一样，这位"鸟人"对绘画十分痴迷，几乎用了一生的时间去研究透视法。

乌切诺在15世纪50年代创作了他艺术生涯中最为重要的著作《圣罗马诺之战》（见图3-4、图3-5、图3-6），他也是当时第一个涉猎战争题材的画家。

图3-4　尼科洛·达·托伦蒂诺在圣罗马诺之战中
（现藏于英国国家美术馆）

图 3-5　契阿尔达被杀下马（现藏于意大利乌菲齐美术馆）

图 3-6　米凯莱托·阿腾多罗反攻（现藏于法国卢浮宫）

　　《圣罗马诺之战》包括 3 块大型木板油画，描绘了 1432 年在佛罗伦萨郊区的圣罗马诺村发生的一场军事冲突，交战双方是佛罗伦萨和锡耶纳，1 万多名士兵交战了 8 小时，伤亡 600 余人，最后佛罗伦萨取胜。

在 15 世纪的意大利，各个独立的城邦之间经常发生冲突，佛罗伦萨与邻近的锡耶纳、卢卡、比萨联盟一向不和睦，最终走向了军事交锋。因为佛罗伦萨没有军队，所以花重金雇了军团。

有一点需要注意，画中的人很多，以往的画作，无论是谁画的，基本上都是小场面，画中就几个人。之前的画家都是凭感觉画的，画几个人已经够累了，要是画那么多人，每个人的位置在哪，手该放哪，多大比例等都是问题。

但是，自从马萨乔将透视法引入了绘画领域中，大家在绘画之前，都会计算。而且乌切诺是一个沉迷于透视法的画家，他对数学和几何学也有过研究，因此他的这幅画作看上去很和谐。画上倒伏的战马、死去的士兵和折断的武器等，严格按照透视法的原则消失于一点（它们的延长线都消失于同一点），这让观众完全沉浸在超越现实的幻想之中。

但是，仔细一想，大家难道不觉得奇怪吗？若是在真实的战争中，旗帜都倒了下来，怎么可能会那么巧，倒成了一条延长线都消失于同一点的线呢？

因此，很多人推测（甚至是确定），画中的这些特点，都是乌切诺有意为之。他就像是特意用这幅画向看画的人炫耀：我是一个精通几何的画家（他本人就是一名数学家）。

看来，文艺复兴时期的画家，若是数学不好，还真的不好意思出门跟人打招呼。

# 06

## 数学本身不是"科学"

常常有人说，数学是一门科学。

然而，若是细问一句，数学真的是科学吗？什么是数学？什么又是科学呢？很多人可能也就迷糊了。

简单来讲，数学是一门独立的学科，它研究的是数量、结构、变化和空间等概念。数学是一种形式科学，它利用符号语言进行研究，通过逻辑推理和严密的证明来发展数学理论。数学与科学有密切的联系，它是科学研究的重要工具之一，许多科学领域都依赖于数学的方法和技巧。

然而，任何科学都离不开数学，数学本身却并不是科学。

# 波普尔：科学是可证伪的

目前为止，对"什么是科学"给出最好解释的是出生于奥地利的哲学家与思想家卡尔·波普尔。

在波普尔之前，实证主义创始人、社会学之父奥古斯特·孔德极其推崇培根的归纳法，他认为归纳法是人类得到知识和发展的唯一途径。实证主义的中心论点是，事实必须透过观察或感觉经验，去认识每个人身处的客观环境和外在事物。虽然每个人接受的教育程度不同，但他们用来验证感觉经验的原则并没有多大区别。

孔德提出了人类认知发展的3个阶段。

1. 神学阶段。人类对于自然界的力量和某些现象感到恐惧，认为打雷是某种神灵生气了，因此就以信仰和膜拜来解释和面对自然界的变化。

2. 形而上学阶段。随着人类认知的发展，人们开始以形而上或普遍的本质，来解释一切现象。

3. 实证阶段。也就是科学阶段，人们开始运用观察、分析以及分类性的资料，探求事物彼此之间的关系，此方法获得的结果，才是正确可信的。

但是，这种实证科学往往会带来困惑，即归纳法的局限。请问，当你看了1000只天鹅都是白色的，你是否能够得出

"天鹅都是白色"的结论？显然是不行的。

除了孔德，美国哲学家威廉·詹姆斯认为，什么是真理？有用的就是真理！在他看来，有用的就是科学，没用的就不是科学。

但是，詹姆斯对于真理的判断存在两个截然不同的标准：认识论标准与价值论标准。其中，认识论标准就是"真假标准"，而价值论标准则是"对错标准"。对于同一个问题，从两个标准出发，往往会有不同的结果。

对人类社会来讲，世界上的任何事物都可以分为两种范畴：事实范畴和价值范畴。"真与假"属于事实范畴，而"对与错"属于价值范畴。

比如，太阳在夏季比在冬季距离地球更近，这属于事实范畴，蛋糕是好吃的，这属于价值范畴。

波普尔认为，判断科学的唯一标准就是要看它是否可证伪。

这是什么意思呢？什么又是可证伪呢？

举个例子，比如有一个同学告诉你，让你放学后去老师办公室，老师找你。然后等到放学之后，你真的去了，发现老师真的有事找你，那你就算是证实了同学的那句话。如果老师看到你之后感到很茫然，说他压根就没找你，那你就是证伪了同学的那句话。

科学理论不可能完全得到证明或证实。世界很大，用归纳法去归纳，用实验去一个个证实，有着其本身的局限性。然而，科学理论却是可以证伪（或检验）的。波普尔说："科学陈述的客观性就在于它们能被主体间相互检验。"

每一个实验物理学家都知道，有些惊人的不可理解的外观"效应"在他的实验室里也许可以一度重复，但是最后消失得无影无踪。当然，在这种情况下，没有物理学家会说他已经得出一个科学发现。的确，科学上有意义的物理效应可以定义为：任何人按照规定的方法进行适当的实验都能得到有规则的、重复的效应。任何严肃的物理学家都不会把这种"神秘效应"作为科学发现去发表，他不能提供重复它们的方法与过程。这个"发现"很快会被当作幻想进而被抛弃，因为检验它的尝试都得到否定的结果。

这就是可重复性。

比如爱因斯坦的狭义相对论推导出了光速不变原理，也就是在这个世界上，光速是一个极限，任何有质量的物体的运动速度都不可能超过光速。

然后有一个人，他宣称自己做了一个实验，证伪了爱因斯坦的狭义相对论。然后大家怀着好奇来找这个人，让他把实验过程说一遍，或者在众人面前再做一遍。这个时候，他自信满满，做了一次实验，发现实验结果并没有达到预期，然后他说，今天有点失误，可能是天气不好，也可能是状态不佳，总之就是这一次实验没做好，但是，我证伪了爱因斯坦。

请问，这是科学吗？

当然不是！因为它既不能被证伪，也不能被检验。

根据波普尔的理论，一个理论可以被证伪，说明它是有错的可能性的，这种可能性也许是很大概率的，因此，它本身不是天然就对的，而是可能错的。

举个例子，人都是会死的，这句话是正确的，但并不科学，因为它无法证伪。

再比如，明天太阳会爆炸，这句话是错误的，也是科学的，因为它可证伪。首先如果我们定义了什么是"明天"，什么是"爆炸"，那么我们只要等到明天验证一下，看看太阳是否会爆炸就可以了。如果没爆炸，那么这句话虽然是错误的，却是科学的。

再比如，我预测上海市中心的房子的房价会跌，这句话就不科学，却是永远无法证伪的，也可以理解为永远正确。什么意思呢？假设上海市中心的房子的房价在 100 年内都在上涨，没有跌过，你也无法说我错，因为很有可能房价在 101 年的时候跌了。只要跌了，我就对了，只要房价一直在涨，你就还不能说我错。

如果换一种科学点的说法呢？就是要在这句话中加入限定的时间或地点，比如，我预测，上海市中心的房子的房价会在 2030 年的时候下跌 10%，这句话就是科学的，却未必正确。如果到了 2030 年，上海市中心的房子的房价没有下跌，或者下跌的幅度只有 6%，那我就错了。

科学最重要的不是结论，而是方法与过程。无法证伪的理论，就不能说是科学的，即使它正确；能够证伪的理论，就能说是科学的，即使它错误。

## 数学可以被证伪吗

了解了波普尔的理论后，我们再来看数学可证伪吗？

很遗憾，数学无法证伪。虽然在你的数学卷子上，可能会有老师经常在某道证明题的旁边打一个红叉，但我这里说的可证伪，并不是指你做对了几道题，又做错了几道题。

在第一章中，我们已经知道了，在数学世界中最重要的是公理化，可以说公理化是建构数学大厦的地基。

数学中的公理是数学体系中的基本假设或前提，它们是不需要证明的基本真理。公理是数学推理的起点，其他定理和推论都是基于公理进行推导和证明的。

不同的数学分支和领域可能有不同的公理系统，比如欧几里得几何的公理系统包括平行公理、共线定理等；集合论的公理系统包括空集公理、配对公理等。这些公理系统为数学提供了一种严密的逻辑基础，使得数学推理和证明能够进行。

由于公理是不需要证明的基本真理，因此，对于公理本身，我们无法证明，也无法证伪。

从这点上来看，数学并不是科学，但科学离不开数学。

虽然你可能要用很长的时间来充分理解这一节的内容，因为本节内容会让你的大脑有些焦灼感。但这很值得，它让你知道了，这个世界远比你想象的更加丰富与精彩，数学也比你想象的有趣。

# 07

## 数学是物理和化学的推动力

目前，任何科学的发展都离不开数学，最直观的一个原因是，数学让物理、化学等科学进入了可量化的时代。

比如，我比小明年龄要大，这是模糊的，是不精确的，是定性。

我比小明大 3 岁，这是精确的，是定量。

定量，是一切学科迈向科学的第一步，也是数学对科学最重要的贡献之一。

## 当物理可以定量

牛顿是一位人类历史上难得的天才物理学家，实际上，他也是一位数学家，还是一位思想家。

牛顿在数学中最重要的贡献是微积分和二项式定理，在物理学中最突出的贡献则是他的三大运动定律和万有引力定律。

**牛顿第一运动定律**：物体在不受力，或受到的合外力为 0 的情况下，它将保持静止状态或匀速直线运动，即速度的方向和大小都不变。

**牛顿第二运动定律**：物体的加速度 $a$ 和物体受到的合外力 $F$ 成正比，与自身质量 $m$ 成反比。该定律也可以用公式 $F=ma$ 来表示，其中，$F$ 为物体所受合外力大小，$m$ 为物体质量，$a$ 为物体加速度，$a$ 与 $F$ 的方向相同。

**牛顿第三运动定律**：相互作用的两个物体，它们的作用力和反作用力大小相等，方向相反。

**牛顿万有引力定律**：$F=GMm/r^2$（其中，$M$ 与 $m$ 是两物体的质量，$G$ 是万有引力常量，$r$ 是两物体中心之间的距离）。

早在牛顿之前，意大利的物理学家伽利略就发现了惯性定律，但他只给出了一个定性的结论：所有匀速直线运动的物体都趋向于保持这种运动状态，就像静止的物体趋于保持静止一样。静止也就是一种速度恰好为 0 的匀速直线运动的范例。

但是牛顿却将惯性定律定量了，也就是当物体受到合外力为 0 时，会保持静止或匀速直线运动。

另外，在牛顿之前，德国的天文学家开普勒就提出过属于他自己的三大定律，其中一个定律就是，行星围绕太阳旋转的轨道是椭圆形的，这只是基于观测得出来的结论，至于为什么是椭圆而不是其他形状，他并未给出详细的论证过程。

牛顿在此基础上，利用微积分给这一定律打下了坚实的基础。简单来讲，就是引力的大小与两物体间距离的平方成反比，因此轨道是椭圆形的，反之亦然。

牛顿的伟大之处，是在前人的基础上，为这一理论赋予了数学上的公式与可计算性，这是量化思维在科学界的又一次伟大胜利。

定性与定量看似只有一字之差，却有着天壤之别。美国物理学家弗·卡约里在其著作《物理学史》中说："古希腊人在哲学、逻辑学、天文学、形而上学和文学艺术方面很有成就，但是，在科学，比如物理学方面，成就很小。"这并非危言耸听，虽然古希腊人为后人理解这个世界乃至整个宇宙提供了大量的灵感与思路，但他们却始终停留在思辨层面。

如果我们对科学的研究只停留在定性层面，尽管这些思辨的理论能够自圆其说，但对科学的进步并没有多大的帮助。

近代科学之所以能有质的提升，是因为人们的研究从定性走向了定量。比如，今天天气好热，这就是定性的，但对于很多定性的东西，每个人的观感都是不同的，有的人认为今天的确挺热的，但有的人会认为今天温度不高，甚至还有一些冷，这是因为每个人对冷热的感知不同。如果我们的科学依然停留在定性层面，那么无论如何我们都不会有新的、可持续的发展，甚至长时间停留在过去。

若我们从定性走向定量，不再用个人的主观感受来衡量世界，而是用一个客观的数值来表示今天的温度，比如今天的平均气温是 20℃，那么接下来的讨论才有意义。我们知道行星围绕太阳转动，但多久转动一圈，不同行星距离太阳的距离分别是多少，只有知道了这些问题的具体数值，科学才能绽放出耀眼的光芒，对我们每个人也才会有指导性意义。

定量，是一切学科成为科学的起点。

## 当化学可以定量

在化学发展的早期阶段，科学家主要进行定性分析，即通过观察物质的性质和特征来确定其组成和性质。然而，随着科学技术的进步和实验方法的改进，科学家开始尝试使用仪器和定量方法来测量和分析物质的数量。一个重要的里程碑是在 18 世纪末到 19 世纪初，英国化学家约瑟夫·普利斯特利和安托万-洛朗·拉瓦锡等人的工作。

拉瓦锡出生于法国，被誉为"现代化学之父"。

拉瓦锡是一个贵族，因母亲去世而获得了一大笔遗产，这保证了他可以一辈子衣食无忧。在没有生活压力的情况下，拉瓦锡几乎是全身心投入科学研究之中。

1761 年，他进入巴黎大学法学院学习，业余时间却在进行科学研究，他对当时流行的燃素说提出了质疑。简而言之，当时有许多人认为，燃素是一种可以燃烧的物质，有些东西能燃烧，说明其中有燃素，不能燃烧则没有。

拉瓦锡提出的质疑是，若是真的有燃素这种东西，那物质被烧成灰烬之后，燃素应该跑到空气中，因此灰烬的质量应该减少，但是现实中的实验表明，物质燃烧过后的质量比燃烧之前有所增加，这说明一定是空气中的某种东西进来了。

一些人认为这肯定是误差，测得不准，另一些人则认为因为燃素的质量是负的，所以才导致了这种现象发生。

拉瓦锡在做实验的时候有一个信条，即必须用天平进行精确测定来确定。在推翻前人的燃素说后，拉瓦锡于 1777 年提出了自己的看法，即氧化学说，他将化学研究从定性转为定量。

另外，在研究燃烧等一系列化学反应的过程中，拉瓦锡通过定量实验证实了一个极为重要的质量守恒定律，这是化学的基石。

在提出氧化学说和质量守恒定律后，1787 年，拉瓦锡与克劳德·贝托莱等人合作，设计了一套简洁的化学命名法，我们如今用的很多化学符号，都源于此。

然而，不幸的是，拉瓦锡最后的结局很悲惨。法国大革命时期，在一些别有用心之人的陷害下，他于 1793 年 11 月被捕入狱。因为他之前当过包税官，他的妻子是征税承包业主的女儿。

在拉瓦锡被捕之后，整个欧洲社会都为之震动了，很多人为其求情，希望能让他免于一死，但国会对此无动于衷。

1794 年 5 月 8 日早晨，拉瓦锡被送上了断头台，据说他在临死前还做了最后一个实验，他对刽子手说："我死后，请你帮我数我眨眼的次数，我想看看人类的头颅被砍断后，还能保持多久的意识。"

据说，拉瓦锡死后眨了 11 次眼睛。

拉瓦锡死后，另一位伟大的数学家拉格朗日曾痛心疾首地说："他们可以一眨眼就把他的头砍下来，但他那样的头脑 100 年也再长不出一个了。"

在拉瓦锡之后，化学迎来了飞速发展，化学家们不断改进和发展定量分析的方法和技术。他们引入了更精确的仪器和设备，如分光光度计、色谱仪、质谱仪等，这些仪器可以用来测量和分析物质的数量和性质。同时，他们还发展了各种定量分析方法，如滴定法、分光光度法、电化学分析法等，用于测量和确定物质的浓度、含量和反应速率等。

## 现代物理学的两场革命

1900 年，新世纪来临，当时的科学家都无比振奋，在他们看来，人类已经发现了这个世界上几乎所有的科学和真理，在以后的日子里，科学家做的无非是在小数点后做点工作。这句话的意思是说，科学的理论大厦已经完备了，后人的工作都是一些可有可无的微调工作。

然而，在一片乐观情绪的背后，却隐约有些不祥和的声音。

4 月 27 日，在英国伦敦，欧洲有名的科学家都来到了位于阿尔伯马尔街的皇家研究所，聆听那位德高望重，性格顽固的老头——开尔文男爵的发言。

开尔文的这篇演讲名为《在热和光动力理论上空的 19 世纪乌云》，他这么说道："动力学理论断言，热和光都是运动的方式。但现在这一理论的优美性和明晰性却被两朵乌云遮蔽，显得黯然失色。"

这个"乌云"的比喻是如此贴切，以至于后来接触现代物理学的每一个人都耳熟能详。这两朵小乌云，就是人们在迈克尔逊 - 莫雷实验和黑体辐射研究中遇到的困境。

这两场实验，将经典物理学撕开了两个巨大的口子，前者引爆了相对论革命，后者引爆了量子力学革命。现代物理学便在这两场革命中孕育而生，甚至推动了整个世界的发展。没有相对论，我们今天不可能有精确的 GPS 定位系统，没有量子力学，我们今天也不可能发展出现代信息技术。

这两场实验，带来了现代物理学的发展，但在发展的背后，离不开数学。甚至可以说，没有数学的发展，当时的人们就算是再聪明，再有智慧，也只能对那两场实验束手无策、望洋兴叹。

相对论可以说是爱因斯坦凭借一己之力推动的（至少就广义相对论来说是如此，是爱因斯坦个人的天才灵感的产物），它的数学基础是微分几何和黎曼几何。黎曼几何是理论物理学家们常用的工具，对于理解广义相对论和其他相关领域的研究都具有重要意义。

爱因斯坦在广义相对论中，使用了黎曼几何作为数学工具来描述时空的弯曲和物质的分布。根据广义相对论，质量大的物体会使周围的时空发生弯曲，而牛顿提出的万有引力则被解释为时空曲率的一种几何属性。

爱因斯坦通过一组方程将时空曲率与物质、能量和动量联系在一起。之所以使用黎曼几何，是因为时空和物质的分布是相互影响的，不同于牛顿力学认为的时空是固定的。特别是在大质量星球附近，空间被引力场弯曲，光线在这样扭曲的空间中走的是曲线而不是直线。

量子力学的数学基础是由冯·诺伊曼提出的。他在研究量子力学时，发现可以将量子力学中描述粒子状态的方法建立在希尔伯特空间的数学结构上。希尔伯特空间是完备的内积空间，是欧几里得空间在无穷维上的推广。

冯·诺伊曼通过研究希尔伯特空间中的算子环理论，为量子力学提供了坚实的数学基础。算子环理论的应用使得量子力学的描述更加准确和严谨。通过希尔伯特空间和算子环理论，可以描述量子力学中的态矢量、算符、测量等概念，并进行相应的计算和推导。

另外，海森堡的不确定性原理离不开矩阵，薛定谔的方程离不开波函数的引入与哈密顿算符。

没有数学，现代文明社会可能会是另一幅样子。当你饿了想点外卖时，没有相对论，送餐的骑手可能会将你的餐送到其他地方；没有量子力学，你的社交账号也更容易被不法分子盗取。

# 诺贝尔为什么没有设立数学奖

既然数学对物理与化学的发展如此重要，那么为什么诺贝尔没有设立数学奖呢？

你听说过诺贝尔物理学奖、诺贝尔化学奖，但你在图书馆里翻来覆去就是没有找到"诺贝尔数学奖"，这是为何呢？

你可能听说过一个故事，即当年诺贝尔和一个数学家有仇，因此诺贝尔故意不设立数学奖，就是不想让数学家分享他的胜利果实。

实际上，这个故事是假的，诺贝尔之所以没有设立数学奖，是因为他还没有意识到数学的重要性。诺贝尔于1896年12月10日去世，而人们普遍意识到数学的重要性是在20世纪。在此之前，人们的观念是，数学的确对科学的发展有用，但无非就是一些定量和算术。或者说，高等数学还没有进入科学的范畴之中。

1968年，瑞典中央银行在成立300周年之际，增设了诺贝尔经济学奖。经济学的发展也离不开数学，比如数学帮助经济学家建立了一个又一个数学模型。

尽管诺贝尔奖没有设立数学奖，但世界上还有一些其他重要的数学奖项，比如20世纪30年代设立的菲尔兹奖，被视为数学界的诺贝尔奖。菲尔兹奖每4年颁发一次，表彰40岁以下的杰出数学家。这个奖项弥补了诺贝尔奖没有数学奖的遗憾。

# 08

## 数学与计算机：为什么二进制是最优的选择

在我们日常生活中，我们采用的是十进制，也就是逢十进一，但在计算机领域，采用的却是二进制，为何计算机不采用十进制呢？

### 最早的二进制

最早提出二进制的科学家是莱布尼茨，据说他还受到了中国哲学的启发——在《易经》中有阴阳文化，而阴阳与二进制乍看之下有些相似。

在他所处的时代，东西方的交流愈加频繁，很多传教士都会来中国（当时是清朝）交流，康熙也是一位对科学保持相对宽容态度的皇帝。

在法国派来中国的传教士中，有一个人叫乔吉姆，他的中文名是白晋。白晋与莱布尼茨的通信，大概开始于 1697 年，而莱布尼茨也是在这样的情况下了解到中国的太极八卦图，他在给白晋的回信中提到，太极八卦图囊括了所有学科的原理，是一套完备的形而上学体系。

《周易》中有六十四卦，每一卦都由 6 根爻组成，爻又可分为阴爻和阳爻，而莱布尼茨发现，这刚好可以和自己的二进制一一对应，用爻卦的重叠又可以表示数字的规律。如果将阳爻定为"1"，那么阴爻就是"0"，六十四卦的排列组合，刚好与二进制相符。

白晋说，莱布尼茨关于"普遍文字"的设想与东方的古老文字符号一定有共同的渊源。这也正好可以从侧面印证莱布尼茨的哲学，即这个世界是和谐的，其背后有一套先验的知识存在。

# 布尔代数

计算机的底层语言是代码，是数学，如今程序员们所掌握的最基础的代码是布尔代码。

乔治·布尔是一个数学家，仅凭自己的努力，在没有任何帮助的情况下，布尔就能读懂拉普拉斯的《天体力学》和拉格朗日的《分析力学》。布尔找到了一条属于自己的路，他的研究几乎都是独自一人完成的，他对数学的第一个贡献，就是一篇关于变分法的论文。

在此之后，布尔不断研究，奠定了未来计算机语言的基础，比如和（And）、或（Or）、非（Not）和如果（If）。

举个例子，我们假设小明是一个男生，而且学习成绩很好，我们将"男生"的固有属性定义为 $x$，将"成绩很好"的固有属性定义为 $y$。除此之外，我们用点号代表"和"，加号代表"或"，撇号代表"非"。这一切的目的都是证明"真"或"假"，因此，我们用 1 代表"真"，用 0 代表"假"。这些就是把逻辑学转化为数学的基础。

"小明是一个男生且成绩很好"，用数学来表示就是 $xy$；"小明是一个男生或小明成绩很好"就用 "$x+y$" 表示。问题来了，要判定"小明是一个男生且成绩很好"这一命题的真实性，取决 $x$ 和 $y$ 的真实性。并且，布尔根据我们对 $x$ 和 $y$ 的理解设定了 1 或 0 的规则：

$$0 \cdot 0 = 0$$
$$0 \cdot 1 = 0$$
$$1 \cdot 0 = 0$$
$$1 \cdot 1 = 1$$

如果我们要判定"小明是一个男生或小明成绩很好"这一命题，我们可以得出：

$$0 + 0 = 0$$
$$0 + 1 = 1$$
$$1 + 0 = 1$$
$$1 + 1 = 1$$

从这些简单的元素里，我们就能构建自己的方法，逐步得出更复杂的结果。

在布尔提出这个代数的 80 多年后，克劳德·艾尔伍德·香农被布尔代数吸引，于 1937 年完成了他的硕士论文《继电器与开关电路的符号分析》。

布尔为香农的逻辑代数建立了最基础的公设，那就是将其理论化，正如欧几里得在 2000 多年前所做的那样。这些公设也成了计算机逻辑语言的基础框架。

我们判定某一命题，只有两种结果，真或假，这与二进制中只有两个数字刚好对应，且计算机的底层电路，也只有开和关两个状态。这使得二进制在电路中更容易实现，也不容易出现歧义，否则，电路的状态可能会出现"1/2 开""3/8 关""5/6 开"等容易出现混乱的状态。

另外，二进制的运算规则简单，计算机在进行这些运算时所需的时间也相对较少。因此，计算机可以更快地完成各种计算任务，提高了整体的运算速度。在二进制的运算中，我们只需要对 0 和 1 这两个数字，进行加法、减法、乘法和除法等基本运算。这种简化的运算方式使得运算器的结构得以优化。

# 09

## 数学与密码学

自人类有文明以来，就在信息的传递与加密上做了很多工作，如何确保信息的安全、如何避免信息就算是落入敌人手中也不会对我方造成威胁，以及如何破译敌人的密码成了数学家们的战场。

### 韦达吓退西班牙士兵

法国数学家弗朗索瓦·韦达出生于 1540 年，当你学到一元二次方程的时候，会知道以他名字命名的"韦达定理"，它是形如"$x^2-px+q=0$"的一元二次方程，其中$x_1$、$x_2$分别是方程的两个根，$x_1+x_2=p$，$x_1x_2=q$。

在法国与西班牙的战争中，西班牙用了一套在当时复杂到极致的军事密码，长达500个字母以上。但是谁也没想到，研究数学多年的韦达破译了西班牙密码。因此，法国人对西班牙人的行踪了如指掌，西班牙人都吓坏了，以为法国军队中出现了妖怪，他们甚至还跑去罗马告状，说法国军队中出现了妖怪。

## 加密往事：伊丽莎白与玛丽一世

在英国历史上，伊丽莎白一世是最著名的女王之一，在她统治的时期，英国击败了西班牙的无敌舰队，自此迎来了繁荣时期。

然而，伊丽莎白在位前期，曾与来自苏格兰的玛丽一世展开了一系列斗争。

玛丽一世在苏格兰当女王的时候，就曾与苏格兰的贵族争斗不断，后来，她逃离了苏格兰，进入英格兰境内。虽然伊丽莎白一世表面上支持玛丽一世，但斟酌再三后还是将她抓了起来，囚禁于伦敦塔。

自此，玛丽一世在英格兰开始了自己被囚禁的人生，这一关，就是18年。

失去了自由的玛丽一世自然不会甘心，她一直在想办法逃走。最终，以安东尼为首的贵族，计划帮助玛丽一世，并准备除掉伊丽莎白一世。

这么重要的事肯定得让狱中的玛丽一世知道，于是他们通过书信来往，当然，书信的内容都是加密的。这是信息论中最早的加密方法，也就是替代法。我们都知道，英文字母有 26 个，在用替代法加密的信息中，每个字母都由其他的符号代替。这种方法需要双方都能对替换的符号有一定的认识，若是这封加密的信流落到外人手中，外人只会感觉这是一部"天书"，完全看不懂。

然而，在他们之间出现了一个双面间谍，伊丽莎白一世为了不打草惊蛇，选择按兵不动，将往来的信件都抄了下来，而后不留痕迹地封好。

伊丽莎白一世这么做的目的是什么呢？其实是为了获取更多的信件内容，一次破译。

毕竟，替代法也是有一定规律的，比如在英语世界中，元音字母"e"用的频率是最高的，因此，将那些"天书"中最常出现的符号假设成"e"，而后根据上下文类推，通过大量的体力劳动去破解，再加上几个懂数学的人，破译"天书"其实也不难。这种破解的方法叫作"频率分析法"，其实质就是大幅降低字母排列组合的可能性。

最终，他们成功了，破译了玛丽一世与外面人的通信内容。

一切证据已经到手，接下来就是对玛丽一世的审讯，皇室成员和贵族都在旁听，法庭拿出了确凿的证据。虽然玛丽一世始终没有认罪，但还是被判了死刑。

## 图灵破译恩格玛机

阿兰·图灵是 20 世纪最伟大的数学家之一，若是没有他，现代的计算机也不可能出现。

在第二次世界大战中，图灵通过破译德军的密码，为人类的和平做出了巨大的贡献。

1937 年，法西斯主义在欧洲愈演愈烈，与日本和意大利不同的是，德国的陆军、海军，也许还有空军，还有一些

其他组织，使用了一种完全不同的通信设备——谜机。这种机器在 20 世纪 20 年代就已经进入市场了，德国人对它进行不断改进，使它更加安全。（谜机还有一个更通用的名字，叫作恩格玛机）

关于谜机，说来也挺有意思。它是一种机械电子式的加密机，算是密码学上的一个突破，自它之后，曾经靠纸笔运算的破解手段就逐渐消失了。谜机预示着机械和电子加密时代的到来，因此很多人将其称为新一代加密法。在此之前，在很多时候，解锁一个密码靠的是海量试错和暴力突破，但这种方法很难对谜机起作用，海量试错不是千倍万倍的试错，而是指数级的试错。

第一台谜机是在第一次世界大战结束后不久，由一个叫谢尔比乌斯的人发明的。这种加密法是很难破译的，如果还是按照以前那种人工算法，一个人就算用一辈子的时间都不可能破解。因此，要破译谜机，破译者也需要借助机械和电子。

谢尔比乌斯发明的第一代谜机并没有引起德国军方的重视，主要原因是德国的迷之自信。1918 年的德国人还天真地以为，自己的密码学在欧洲是领先的，因此也就没有重视第一代谜机。

1923 年，英国突然在报纸上刊登了两则消息，其中一则是丘吉尔写的，他讲了 1914 年英国和俄国搞定德军密码的传奇故事，另一则是英国军方解密的关于一战的历史数据，其中自吹自擂了一番自己的密码学优势。

说者无意，听者有心，可能也是英国猜想德国早就知道自己的情报泄露了，但实际上在此之前，德国一直都不知道。当德国看到这两则消息时，吓了一跳，而后才找到了谢尔比乌斯，开始大量订购谜机。

德国紧急更新加密系统，英国就只能眼睁睁地看着自己在密码学上的优势逐渐丧失。1938年，对英国人来说，德国的谜机成了一个难题，按照计划，英国需要雇60名密码专家解决这个问题，图灵也因此加入了这支队伍。

同年，波兰情报局表示，他们掌握了一些关于谜机的信息，搞清了谜机内部结构，将破译的结果分享给了盟友英国和法国。不过不久之后，波兰就沦陷了。

1939年9月第二次世界大战全面爆发，英国、法国对德国宣战，战争的齿轮一旦开始转动，就难以停下……

为了对付德国的谜机，图灵想出了一种新的破译机器——炸弹机。炸弹机是自动化的，在一旁"嘟嘟嘟"地运转，破译德军的密码，可有的时候，它会停下来，停下来就代表它破译成功了吗？并不是，这只是炸弹机出现了相容的状态，但并不一定代表找到了正确答案。这样的停止，有的时候会有意外发生。通过概率论，数学家可以计算这种意外停止的概率。每当它停止时，就必须由人工在谜机中检查，看它是否可以正确地将其他的密码也破译成德文，以此类推，直到找到真正的答案。

对于密码通信，英国军方的人可能会凭借经验说出个一二三，但现在的目标是机械化大生产，必须把模糊的直觉变成精确的机械过程。其中需要的许多理论工具，在 18 世纪就已经构建好了，但对当时的英国军队来说，这些还是新鲜的。因此，若是没有数学家的帮忙，英国军方也只能束手无策。

随着图灵等人工作的进展，英国可以捕获并破译德军的信息，虽然延后了几天，但也比得不到信息好。

1941 年 5 月 7 日，"慕尼黑"号气象观察船被英军发现并俘获了，它泄露了谜机的设定，使图灵能够实时破译德军的通信。终于，盟军可以毫无滞后地掌握德军的当日战术了。

可以说，图灵等数学家的工作，大大减少了第二次世界大战中盟军的伤亡。

我们来回忆一下，学到了什么。在本书最后一章，我们要透过数学，改变自己。

## 知识点回顾

✦ 在很长一段时间，人类认识与理解世界的方式可以简单分为经验主义与理性主义，虽然二者缺一不可，但都有各自的局限性。经验主义侧重归纳推理，理性主义侧重演绎推理。

✦ 逻辑是数学的核，也是我们深入了解世界的一个伟大工具。

✦ 婴幼儿在很小的时候就能理解简单的数学，因此我们的数学能力与生俱来。

✦ 科学是可证伪的，但数学的公理不可证伪，因此，数学不是科学，但科学离不开数学。

☆ 定量是物理和化学等科学能够快速发展的最重要因素。

☆ 密码学是数学的一个实际应用，在历史中各方人员斗智斗勇的例子时有发生，这进一步推动了密码学的发展。

# 第四章

# 数学之美：

# 通过数学获益终生

# 01

## 数学教会我们边界感

### 用数学争辩，辩的是什么

请假设一个场景，有两个人在辩论，我们暂且叫他们大柱子和二栓子。

大柱子说："两条平行线是永不相交的。"

二栓子不以为然，说："不对，你说的不对，两条平行线是可以相交的。"

请问，哪个人说的对呢？

你大概率会认为，大柱子说的是对的，"两条平行线不相交"是多么显而易见的事，二栓子上课的时候大概没有认真听讲吧，平行线怎么可能相交呢？

其实，大柱子和二栓子说的都是对的。

只不过，他们所处的世界不一样。

在平面几何中、在欧氏空间内，两条平行线是不相交的，但若是来到了三维空间，在非欧空间内，两条平行线是可以相交的。

发现了没有？由于大柱子和二栓子所处的世界不同，他们根据已知世界推理出来的结论就不相同，甚至相反。

只要大柱子和二栓子能够意识到这点，那么他们就不会继续争吵下去，反而会握手言和，承认对方、尊重对方。

因此，一个经常和别人争吵的人，一个经常自以为是的人，往往是数学没学好的人。学好数学，不仅能提高我们的运算能力和逻辑推理能力，还教会了我们什么是边界感。

前文说到，数学最重要的是公理化，可以说无公理，不数学。公理在数学中，本身就是不证自明的，我们无法去问公理为什么是这样的而不是那样的，公理就是公理，我们只能接受。

不同的公理身处不同的体系之中，比如，欧式几何与非欧几何就不一样，二者之间有着泾渭分明的分界线。当我们讨论"平行线是否相交"时，一定更要先弄清楚，是在什么样的前提之下，是在欧氏几何内还是非欧几何内。如果在这点上模糊不清，那就相当于说着两个不同语言的人交流，越交流越糊涂。

在边界范围之内，一切都好说，超出了这个边界，最好保持沉默。

## 数学教会我们尊重不同价值观

在这个世界上，每个人都有自己的价值观与喜好，这些喜好并不相同，比如，你喜欢吃草莓，而你同桌可能并不喜欢吃草莓，他喜欢吃苹果。

如果你问你同桌："你为什么喜欢吃苹果而不喜欢吃草莓呢？"这个问题其实就已经超出了边界，就好比一个站在欧氏几何内的人，问一个站在非欧几何内的人："你们世界的平行线为什么可以相交呢？"

如果对于边界感的理解不够清晰，那么两人之间的对话很可能越来越有火药味，甚至最后演变成争吵。

这样的例子，在现实世界中并不少见。

比如，甜豆花和咸豆花之争，北方人更喜欢咸豆花，南方人更喜欢甜豆花。这两群人在互联网上为此争论不休。其实，这本身就是一个个人喜好与环境的问题，并不存在对错，但很多人会将此问题上升到道德层面，这显然是突破了各自的边界。像这样的争论还有很多，南北之争、东西之争，甚至中国人与外国人之争，其实很多争论的起因都是双方的边界模糊。最后的结果，往往都是"竟然有人和我们不一样？那对方肯定是错的"。

这个世界上的答案，都需要一个前提，如果脱离了前提，我们的所有讨论都将毫无意义。比如，在讨论平行线是否可以相交时，我们得先问，是在什么样的前提下。

当然，你现在所学的数学，都是平面几何，因此你接触的都是"平行线不相交"，但随着你对数学的理解越来越深入，学到的知识越来越丰富，你就会发现，你之前所学的知识都有一定的局限性。

随着你的成长，你会从小学升到初中、高中，再到大学。进入大学之后，你的生活可能会发生剧烈的变化。大学之前，你接触的人都是身边人，都是从小到大和你生活在同一个地方的人，你们有着相似的饮食习惯与思维习惯。大学之后，你的同学很可能来自五湖四海。比如，你成长于江浙沪，从小不吃辣，而你的室友可能来自湖南或江西，他们从小就很能吃辣。试问到了那个时候，你们会如此看待彼此呢？

以前读书的时候，我有个来自山东的室友，他几乎每天都要吃大葱，我对此既不能理解，也无法接受，这超出了我的个人认知。甚至，我对他的观感都因他的饮食习惯而发生改变。

尽管我和他并没有发生表面上的冲突，但我的内心已经无数次将他"惩罚"了千百遍。后来，我意识到，我和他之前的生活环境并不一样，是我一直在触碰他的边界。意识到这点之后，我心里很惭愧，因为我之前并不尊重他。

再后来，当我重新拿起数学书的时候，我才猛然醒悟过来，我应该多给别人一点尊重。室友的饮食习惯就是如此，他从小就在这样的环境中长大，一个地方的民族与风俗习惯就相当于数学世界中的那一条条公理。公理是不言自明的，我们无须去挑战公理，这会让我们"头破血流"，我们所要做的，就是当我们触碰到别人的边界时，应该有礼貌地后退回来，并给予对方应有的尊重。

## 有些问题，可能并没有答案

就算我们穷尽一生，恐怕也无法得出一个完备的真理世界。数学世界也是如此，我们常常会遇到一些问题，但并不是所有问题都能找到确切答案的。

比如，你可能已经学过一元二次方程，并且将其求根公式背得滚瓜烂熟，甚至你还掌握了一元三次方程的求根公式。但是，所有的一元 $n$ 次方程都有求根公式吗？两个英年早逝的天才科学家，一个来自挪威——尼尔斯·亨利克·阿贝尔，一个来自法国——埃瓦里斯特·伽罗瓦，几乎在同一时间证明了：

在一般情况下，一元五次方程没有根式解。

因此，当我们面对一个一元五次方程时，除了用一些看上去较笨的办法，比如近似法和牛顿法，并没有更简便的方法。

有些问题，我们现在不知道答案，不代表以后不知道答案，我们似乎相信所有问题在未来都能得到一个完美且漂亮的答案，但实际上，这并不可能。来自匈牙利的天才数学家哥德尔已经证明了，数学遵循哥德尔不完备性定理。无论是数学，还是我们赖以生存的世界，都不会是完备的，这就意味着，有些问题，很有可能永远也没有答案。

请注意，没有答案，并不意味着我们要遁入虚无主义，而是对这个世界，对这个世界上的其他人，都保持一份谦卑之心。

# 02

## 数学是教人谦卑的学问

### 数学使人谦卑

何帆老师曾说："所有能够教会我们谦卑的学问都是好学问。"

数学无疑就是这样的一门学问。

数学世界中的公理与定理，并不会随着任何人的意志而转移。数学对任何人都一视同仁，它并不会因人的性别和民族不同而对某一方有所偏向。比如，在平面几何内，三角形的内角和是 180°，对中国人来讲是如此，对外国人来讲亦是如此。

或许莱布尼茨正是深知这一点，才在有生之年孜孜不倦地追求他那所谓的由数学构造起来的世界。

在古代，每一个文明都在追寻世界的本源问题，古希腊哲学家泰勒斯认为，世界由水构成，另一位古希腊哲学家赫拉克利特则认为，世界由火构成。在古代中国，人们认为世界由阴阳构成，正所谓"一阴一阳之谓道"。然而，毕达哥拉斯却另辟蹊径，认为世界由数构成。

美国科学史家伦纳德·蒙洛蒂诺在《思维简史》中提到，自文明诞生之后，到毕达哥拉斯的时代，人类发展了几千年，也获得了许多科学知识，但是，所有的知识体系都还只能算是"前科学"。即便是泰勒斯，他在解释世界万物的时候，也或多或少会带些主观色彩，比如他认为万事万物都由水构成，这个观点虽然排除了神的原因，但依然是主观的。一直到毕达哥拉斯出现，人类在探索世界奥秘时才有了一个数学上的规范起点，这个起点不受人的主观影响，于是科学的大厦在此基础上一步步建立了起来。

人们这才意识到，原来在人们的意识之外，还独立存在着一个由数构成的世界。

人类的文明一路走来，历经千辛万苦，在从前的社会中，几乎所有文明都被各地区某一位统治者所统治。在他的统治之中，他的意识就是法律，就是权威，但是，他无论如何都无法改变数学世界的规则。

再强大的人，在面对数学的时候，只能望洋兴叹。数学无关乎任何人的情感，它让我们意识到，世界的规则并不属于少数人，它应该是具有普遍性的，无论面对的是对国王、达官贵族还是平民百姓，它都是这样，且将一直这样下去。

面对数学，我们唯有谦卑，面对他人，我们也应该谦卑。

## 虚构的想象，实际的作用

数学的每个体系并不是完备的，正如人一样，每个人也并不是完美的。

自从人类有了文明，数学便一直持续地向前发展。随着人们对数学领域的不断探索，人们对客观世界的理解也逐步加深。

比如在数方面，从自然数，到小数、分数、负数、无理数、虚数，再到复数，向前发展的每一步，都代表着人们可以触及的范围越来越广。

人类广泛接受负数与无理数概念的时间，并不久远。至于虚数，当它刚出现的时候，很多人都无法理解。比如，我们在学了小学数学之后，自然就能理解，一个负数乘一个负数，等于一个正数，这就是"负负得正"。一个数的平方，无论如何，都是大于等于 0 的。由此，我们有了平方根的概念。

一般来讲，我们知道，正数有平方根，而负数没有平方根，一个数的平方永远大于等于 0。

但是，若是负数有平方根，又会是什么呢？

负数可以有平方根吗？

我们假设，负数是有平方根的，于是，我们扩展虚数的领域。

在解方程 $x^2=-1$ 时，人们发现在实数范围内无法找到解。传统观念认为负数没有平方根，因为一个正数的平方是正数，一个负数的平方也是正数，所以负数没有平方根。然而，数学家并没有将这种情况视为无意义，而是引入了虚数单位 i 来表示负数的平方根。将虚数单位 i 定义为 $i^2=-1$，它具有特殊的性质，可以用来表示任意负数的平方根。

虚数是人们虚构出来的一个概念，在这个世界中并不存在，它最早由法国数学家兼哲学家笛卡尔引入。然而，有了虚数的概念之后，人们却发现它很有用，可以求解一般的一元二次方程和一元三次方程。

随着时代的发展，虚数的作用日趋重要。如今，工程学、物理学乃至纯数学领域都离不开虚数。如果没有虚数，那么我们今天可能就要退回到没有电的时代，你不可能会有平板电脑玩，想跟远方的朋友联系时，你无法通过视频或语音联系到他。虚数被广泛应用于现代技术和工程中，如音频处理、图像处理、通信系统等。

这就是数学的想象力，你可别以为这里说的想象力是天马行空的想象，是动画片里面随意的想象。在数学中，想象力很重要，但想象力也要遵循一定的逻辑推演。

人们在发明了虚数这个概念后，进一步将其公理化，简单来讲，就是让这个由想象力发明出来的东西符合逻辑，而不是任其自由发展。

## 我只知道我一无所知

苏格拉底曾言："我唯一知道的，就是我一无所知。"

在数学的世界中，我们目前探索的领域还很有限，还有很多数学猜想等着我们去挖掘、去挑战，比如哥德巴赫猜想，比如黎曼猜想。

随着第一次工业革命的爆发，人类社会走上了快速发展的道路，人类的物质世界不断丰富，人类的精神世界也得到了前所未有的发展。

约 100 年前，出现了许多自以为是且狂妄的人，他们视其他人的生命如蝼蚁，高调地宣扬种族主义。20 世纪最大的两场人为灾难——两次世界大战便是在这样的环境中爆发的，给整个人类带来了前所未有的危机。

希特勒以其充满迷惑性的语言挑起了第二次世界大战，最终他被钉在了人类文明的耻辱柱上。

希特勒曾经有一个同学，名叫路德维希·维特根斯坦，他不仅是 20 世纪伟大的哲学家，还是一名出色的数学家。他一生的研究都集中在语言上，他发现，人们思维的边界就是语言的边界，甚至可以说，语言即思想。

我们已经知道，语言与数学是人类与生俱来的能力。

数学家们大都是谦卑的，他们通过数学明确知道自己的能力边界在哪里，而有些不懂数学的人，却总以为自己可以代表真理，自己就是绝对正确的。

数学是理性的，理性之所以会膨胀，只是因为膨胀的是人，而不是数学。

拉普拉斯是法国大革命时期的数学家，他的研究对数学做出了巨大的贡献，尤其是在概率论方面，对后人影响很大。1827 年 3 月 5 日，年近 80 岁的拉普拉斯在弥留之际，说："我们知道的不多，我们不知道的却是无限。"

是的，我们得承认自己并不是全知全能的，我们需要放下自己的傲慢与偏见，试着以一种谦卑的心态去和其他不同于我们的人相处，才能获得可持续发展。这也是数学透过它那理性的光芒告诉给我们的。

要记住，数学对任何人都一视同仁。

# 03

## 数学，让我们讲证据

**没有证据，不要胡说**

解数学题的过程就像是一名侦探根据已有线索（已知条件、题干）一步步推导出答案的过程，需要运用我们的逻辑推理能力。

在推导过程中，每一步都需要与上一步有所关联，在得出一个结论之前，我们不能想当然，也不能凭直觉。在数学中，"我是怎样认为的"并不重要，重要的是"它应该是什么"。

侦探探案的最终目的是找出犯罪嫌疑人，如果他觉得谁是犯罪嫌疑人就将其交给警察，请问，这样做可以吗？

这显然是不行的。

侦探必须要有充足的证据才能进行推理，而我们在解数学题的时候，需要的就是公理或定理（定理由公理推导而出）。幸运的是，我们不必像侦探一样四处寻找线索，也不必四处跑，在数学中，我们只需要一张纸和一支笔，并在头脑中完成寻找线索的过程。

侦探与数学有着内在的相似性，侦探在没有证据的前提下信口胡说，说出来的话就不会有人信，长此以往，他的信誉度会降低。在数学中，我们也不能在没有公理或定理支持的前提下得出结论，否则得出来的答案就是错误的，甚至是荒谬的。

然而，在现实世界中，我们会发现很多人其实不懂数学的精髓。比如，他们爱撒谎，撒谎就是将有的说成没的，将没的说成有的。可能你会觉得这根本没什么，不必小题大做。但实际上，撒谎的危害性远远超出我们的想象。

请试着想象一下，你在解一道数学题，你不知道"$3 \times 7$"是多少，然后有一个人告诉你，"$3 \times 7=20$"，你如果信了他的话，将此作为一个阶段性的答案，那么你最终得出来的答案必定是错误的，就算你之后的推理过程全部正确，答案也是错误的。也就是说，尽管你所有的推理过程都准确无误，但都是白费力气。

那个告诉你错误答案的人，有可能是自己知道正确答案，却故意告诉你一个错误答案，这就是撒谎。他撒谎的结果，就是导致你在错误的道路上越走越远，在与正确答案相反的方向上一路狂奔。这个时候，你越努力，越错误。

也有可能，他也不知道"$3 \times 7$"是多少，只是随口一说。在数学中，这显然是荒谬的，他只是在胡说。

在解数学题的时候，我们要一步一步慢慢来，每一步都要走得踏实，走得可靠，需要谨慎。在现实生活中，我们也应该如此，这样，我们才能不至于走错路。

## 非比寻常的结论，需要非比寻常的证据

在不考虑空气阻力的前提下，轻的物体和重的物体从同一高度掉到地上，你知道哪个掉落得更快吗？

你可能会根据以往的经验告诉我，应该是重的物体掉落得更快。

如果你已经学了基础的物理学，那么你会知道，上面这个答案是错误的，在自由落体情况下，物体掉落的时间只与它距离地面的高度和该地区的重力加速度有关，和其本身的质量无关。

然而，在伟大的物理学家伽利略做实验证实上述结论之前的千百年，大家都认为重的物体掉落得更快，甚至就连古希腊

同样伟大的思想家亚里士多德也这么认为。这非常符合我们的直觉与经验，就像我们渴了就要喝水一样，是直观的。

如今，伽利略的结论已经成为我们的常识，但在伽利略生活的那个年代，如果他要说出"重的物体和轻的物体掉落速度一样快"，多半会遭到周围人的嘲笑，这太违反直觉了。

人类的文明就是在一次又一次地迭代更新中发展的，很多原本"正确"的答案，随着人类知识水平的提升，会慢慢被遗留在过去。每一次认知升级，都面临着整个社会在之前的岁月中培养起来的思维惯性的压力。因此，伽利略要推翻自亚里士多德以来的这个观念，就不能光凭嘴巴说，他一定要找到证据，证明之前的理论是错误的。而且，越是根深蒂固的观念，越是需要非比寻常的证据。

比如，以前的人都认为人类是这个世界上最高级的生物，与其他生物之间有着天壤之别，甚至人类不是自我演化而来的，而是被创造出来的。这个时候，如果你找到了人其实和其他生物一样，都是在漫长的历史中演化而来的证据，且不能只有少量证据，需要足够有说服力的证据。200多年前，达尔文在写出《物种起源》之前，不是光靠着几个证据就得出结论的，他是从英国漂洋过海，途经遥远的澳大利亚，做了充分的研究与推导，才提出了自己的理论——一个足以奠定整个生物学基础的演化论。

幸运的是，伽利略推翻亚里士多德的理论，只需要用头脑进行一次思想实验就行了。有传言称他亲自跑到了意大利的比萨斜塔上做了一次"高空坠物"实验，但这并不足以令人信服，是后人杜撰的。

现在，请你打开你的头脑，启动推理程序，跟我一起来一场思维的旅行。

我们假设亚里士多德是正确的——重的物体会比轻的物体下落更快（为了方便说明，两个物体下落的高度与所在地区的重力加速度默认是一样的），也就是说，两个箱子，一个大箱子质量为100g，一个小箱子质量为50g，那么大箱子下落的速度会比小箱子更快。

现在，我们将这两个箱子绑在一起，组成一个新的箱子，新箱子的质量就是原先的大箱子加上小箱子的质量，即150g。

那么问题来了，这个新箱子（150g）下落的速度是比原来的大箱子（100g）更快还是更慢呢？

小箱子会拖累大箱子的下落速度，因此两个箱子绑起来，小箱子起到了阻力作用，因此新箱子下落得会比大箱子更慢。

但是，如果我们将两个箱子组成的新箱子看成一个整体，它的质量是150g，比原来的大箱子100g还要重50g，那么显然，它下落的速度会比大箱子的速度更快。

于此，我们从一个前提出发，得出来两个截然相反的结论，那么这个前提显然是错的。同理，我们也可以从"轻的物体比重的物体下落更快"这个前提出发，同样得出两个相互矛盾的结论。

重的物体不比轻的物体下落更快，也不比轻的物体下落更慢，福尔摩斯说："当你排除一切不可能的情况后，剩下的，不管多难以置信，那都是事实。"最终，我们只能得出"物体下落速度是一样的"这个结论。

这是伽利略做过的最著名的一场思想实验，它仅通过头脑中的逻辑推理就证明了亚里士多德的理论是错误的。

伽利略非常聪明，也许他也知道，要推翻这个"统治"了人类头脑千百年的理论，需要足够有说服力的证据。若是从经验出发，就必须有足够多的实验次数和数据，而从逻辑出发，只需要一次就够了。

这也是数学的一个特性，自从人类有了文明以来，任何理论都可能会被推翻，哪怕是物理与化学，也会随着人们知识的增长和科技水平的提升而有所增删，但唯有数学，千百年来几乎是一脉相承的，并没有出现"之前人们对数学的这部分理解是错误的"这样的情况。

就算是黎曼几何，也并没有推翻欧式几何，而是在欧氏几何的基础上，又开创了一个新的空间。在数学中，这叫延拓，并不是推翻。

数学，是最经得起考验的一门学科。一个理论只要从数学上证明了它是正确的，那它在之后无论多么久远的时间里，大概率都是正确的。

如果一个理论从数学上证明了它是错误的（证伪），那么

它就是错误的，并不存在以后会是对的的可能。（除非开创另一套自洽的数学公理体系）

请试着回想一下，本书第二章讲到的那个博弈游戏，4%的概率差异导致只要玩的时间足够长，玩的次数足够多，庄家就永远会赢。因此，我劝你不要去玩任何带有博弈性质的游戏。

概率论，恰好归数学管。

# 04

## 世界不会将所有的信息都给予我们

### 信息需要自己去寻找

　　每一道数学题都有已知的信息，有些信息是题目中已经告诉给我们的，比如在求一个长方形面积的时候，题目往往会告诉我们它的长和宽分别是多少。就算题目没有明确告知我们，我们通过一些简单的推理也可以得到。然后，我们运用数学世界的法则，比如长方形的面积等于"长 × 宽"，简单计算一番，就能得到我们想要的答案。

再比如，抛硬币，无论怎么抛，在理想状态下（硬币质量分布均匀），它落到地上后只有两种状态，一种是正面朝上，一种是反面朝上，且每一次出现两种状态的概率都是一样的，都是 50%。

有了信息之后，我们才能去求解，否则就是在没有证据的前提下胡乱猜测，得到的结果往往是不可靠的。

一道数学题，已知信息是充分的，你只要按照已知条件，运用合理的逻辑推理能力，总能得到一个答案。可能你会觉得数学题看了让人头大，但我要说，你是幸运的，题目已经告诉你所有已知信息了。

请试着想象一下，若是直接告诉你有一个长方形，它的长与宽都不知道，在这样的前提下，让你去求它的面积，你肯定求不出来。在生活中，你可以尝试用尺子去测量一下长方形的长与宽，然后再求解。这个测量的过程就相当于你自己去寻找那些信息。

有些时候，找到信息的过程是简单的，比如上面的动手测量，但很多时候，寻找信息的过程是艰辛的。比如当你即将高考，面临选什么样的大学以及什么样的专业的时候。

这个时候，就没有一个人可以将所有的已知信息都告诉我们，需要我们亲自去寻找。我们可以询问一下父母或老师的意见，考虑一下自己的兴趣与特长，甚至上网去某些大学的主页论坛里寻求一下建议。这些都是我们寻找信息的过程。

不同的是，学校里的数学题不仅告诉了我们已知信息，而且这些已知信息都是充分的、正确的。我们根据这些已知信息进行求解，是很简单的。但在生活中，就算我们找到了这些信息，我们也无法确保这些信息都是真实的、有用的。

比如在选择大学之前，我们听取了一些长辈的建议，但这些建议往往只是他们个人的生活经验，对他们自己是有用的，但对我们来说是无用的，甚至会起到负面作用。

因此，在获得信息之后，我们还要对信息进行甄别。

在做数学题的时候，我们会发现，题目中给出的每个已知信息都是对寻求答案有用的，我们不能忽略掉任何一个信息。但是在生活中，很多信息都是无用的。比如你要选择一所大学，这所大学拥有多少年的历史，以及拥有多少资深教授，这个信息对你来说可能是很有用的，甚至这座大学位于哪座城市，周边都有什么配套设施，这些信息也是有用的。但若告诉你这所大学里的体育馆是花费巨资建造的，那么这个信息对你来说大概率是无用的。

这就相当于告诉你一个圆的半径是多少，但让你求另一个正方形的面积，"圆的半径"这个信息就是无用的。

因此，我们也要分析判断哪些信息是有用的，哪些是无用的。

当你理解了这点之后，你应该很容易就能明白，为什么我说你是幸运的，因为学校里的数学题不会给你无用的信息。

你以为数学很冷酷，其实，数学很温柔。

## 找到好的信息

信息需要寻找与筛选，因此如何找到好的信息、对我们有用的信息，就至关重要。

信息的寻找能力需要我们不断在学习阶段去培养，比如有一个二元一次方程组，让你去求解。首先你得知道二元一次方程组的求解公式，这些在学校里面都能学到，而且是可靠的信息。

若是你从来就没有接触过二元一次方程呢？或许我们得假设，你现在还没有学过二元一次方程，在这样的前提下，如何去解这个方程呢？

最好的办法，就是上网去查找一下，一般很快就能找到二元一次方程的求根公式，或者你也可以请教父母和老师，都能得到答案。

如果你去询问同学呢？可能就找不到这条信息，同学的知识量和你处于同一水平，你没有学过，你的同学大概率也不会知道。因此，想要找到有用的信息，最好的办法就是请教那些比我们经验丰富且学识比我们多的人。

在互联网时代，寻找信息比以前更为简便。但找到信息不代表万事大吉了，我们还需要筛选与甄别信息，这个过程往往比寻找信息更重要。

在筛选信息的过程中，谁的逻辑推理能力越强，谁就能比别人获得更多更好的有用信息。比如我们该选择什么样的专业，是理工科还是文科。假设我们现在已经找到了很多信息，我们接下来就要判断这些信息哪些是有用的，哪些是无用的。在那些有用的信息中，哪些用处是比较大的，哪些用处是比较小的。

在此之前，我希望你能记住一个概念，即"相关性"（我在第二章的最后曾提到过它，你是否还记得？）。相关性是指两个或多个变量之间的关联程度或关系强度。当两个变量的变化趋势相似或相反时，我们可以说它们之间存在相关性。

比如一个人越是努力学习，他的考试成绩就越好，这二者之间就有很强的相关性。一个人越是懒散贪玩，他的考试成绩就越不好，这二者之间也有很强的相关性，不过是负相关。一个人是男生，他就能获得好成绩，这二者之间就没有相关性。

同样的道理，两个变量之间究竟有着怎样的相关性，也需要我们自己去寻找、去判断。在这个过程中，强大的逻辑推理能力也是必不可少的。

一般而言，数学学得好的人，在今后做判断的时候往往能得到一个相对客观与正确的答案，因为数学和逻辑是高度正相关的。

# 05

## 均值回归

## 我们得承认，确实有运气

试着回顾一下第二章的最后一节，我们讲过的高尔顿的实验。

其实，在这场实验的背后，也蕴含着一个显而易见但往往被我们忽略掉的事实：运气，有的时候也很重要。

高尔顿曾经考察了 605 个英国名人，他发现这些名人的孩子们，普遍不如名人自己有名。后来，高尔顿将这个现象称为"均值回归"。

均值回归是指在统计学中，当一个变量偏离其平均值时，有一种趋势使得它回归到平均值附近的现象。这个现象可以在不同领域中观察到，如金融、生物学、医学领域等。均值回归的原理是基于统计学中的概念，即极端值或异常值在一定时间内很可能会回归到其平均水平。

比如，你平时的考试成绩一般都是 90 分，上一次突然考了 98 分，可能是前段时间你非常努力，也有可能纯粹只是运气好。或者你上一次考试考得很不理想，成绩只有 70 多分，但你也不用为此感到太难过，甚至怀疑自己的能力，你很可能只是运气不好。

均值回归的本质原因是小概率事件不会一直发生下去，这背后其实也没有什么神秘原因。我们只要知道，在这个世界上，总有一股力量，将我们拉回平均值。再进一步，我们得承认运气的重要性。

在这个世界上，极端的事情属于小概率事件，我们普通人每天遇到的事情和经历的生活，大概率都处于平均值的区间。

当然，了解这点，并不是让我们当甩手掌柜，将一切都交给运气。均值回归最终回到的那个点，是平均值，比如在考试中，均值回归最终回到的那个点，就是你平时的平均分。

你应该不会认为，一个平时考试只能考 60 分的人，突然有一天均值回归到考试考到 90 分吧。有可能，他会在某一次考试中考到 80 多分，但总体来讲，他大部分时候的成绩都会在 60 分左右徘徊。

因此，提高我们的平均水平才是我们应该做的，尽管运气很重要，但努力学习永远是更重要的事。至少它能保证，让你均值回归的时候回归到一个较高的分数。

## 不以物喜，不以己悲

我一直认为数学就像是一阵温柔的晚风，吹在身上的时候，让人感觉无比清爽。了解了均值回归，我们也可以更从容地应对自己现在乃至今后的人生。

要知道，在这个世界上，运气总会伴随我们，而且运气不光只有好的，还有坏的。当你人生不如意的时候，或者发生了一件比较糟糕的事情时，放心吧，这种坏运气不会持续太久，你很快就会迎来好运气，因为均值回归。当你春风得意时，切不可骄傲自大，坏运气马上就会如影随形，因为均值回归。古人告诉我们，失意时，不要气馁，得意时，不要骄傲，要小心谨慎，我们早晚有一天是要"均值回归"的。

正所谓"不以物喜，不以己悲"，也许，当你了解了均值回归，回过头面对人生时，会变得更加坦然。

文科生喜欢用充满诗意的文字来描述世事的无常，比如"眼见他起高楼，眼见他宴宾客，眼见他楼塌了"。纵观历史，那么多人在登上人生顶峰之后便一落千丈，似乎真的是有一股神秘力量在作祟，而数学家们则会冷静地告诉你："均值回归耳！"

保持一颗平常心，以不变应万变，数学，正是那不变的精髓所在。

# 06

## 两种曲线，关于努力与进步

### 对数增长

在基本初等函数中，对数函数可能是看上去最奇怪的一个函数。一般来讲，对数函数是形如 $y=\log_a x$ 的函数，其中，$a > 0$，且 $a \neq 1$。

如果我们画一张图，你可能会更容易理解（见图4-1）。

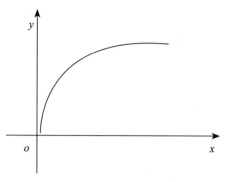

图 4-1 对数函数

不知你有没有发现，比如当 $a > 1$ 时，随着 $x$ 的增长，$y$ 也随之增长。一开始，$x$ 增长的时候，$y$ 增长的幅度比较大，但是慢慢地，当 $x$ 增长到一定程度后，$y$ 几乎就不增长了，而是趋于一条直线。

我们将这种增长称为对数增长。许多体育运动的增长便是如此，在最初的一段时间里，我们都能获得可见的成绩，但是越往后，进步就会越难。

学外语也是如此，在初期，我们很快就可以掌握字母表，甚至只要掌握基础的几百个单词就能进行简单的交流，但是要想达到在各种场合下都对答如流的程度却很难。

这类增长都有一个显著的特点，通俗点说，就是入门很容易，精进很难。

生活中的很多事物大致遵循着对数增长的规律，你可能会羡慕那些钢琴弹得好的人，甚至你的父母也让你去学过钢琴。要想演奏一首相对简单的曲子，很容易，只要练习到位就好，但随着你不断深入地学钢琴，你会发现，无论你再怎么努力，你弹钢琴的水平几乎都处于稳定不变的状态。

到了这个时候，你可能会放弃，并选择其他的兴趣，但其他的兴趣也和弹钢琴类似。如果你还不知道什么是对数增长，那么你可能就会在诸多兴趣之间换来换去，最终造成了一个"什么都会一点，但什么都不精通"的局面。

普通人，也许并不是要成为专业的钢琴演奏家，因此可以在这方面浅尝辄止，只要自己满意就好。

你不必为了自己很长时间没有进步而感到苦恼，原因是这很可能符合对数增长的规律。

## 指数增长：努力背后的真相

相比于对数函数，指数函数有着与其大致相反的增长模式。

简单来讲，指数函数是形如 $y=a^x$ 函数，其中，$a > 0$，且 $a \neq 1$（见图 4-2）。

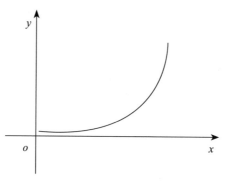

图 4-2　指数函数

我们发现，指数函数也是单调递增或单调递减的。当 $a > 1$ 时，随着 $x$ 的增长，$y$ 增长的幅度和对数函数有所不同。一开始，$y$ 的增长幅度很小，几乎看不见任何增长趋势。但是随着 $x$ 的不断增长，$y$ 就像是开发了自己的潜能，突破了极限一样，开始快速增长。

个人能力的增长，大体符合指数增长。前期，你需要投入大量的精力，但收效甚微。如果你肯坚持下去，在到达某一个临界点之后，我们就会发现，增长会突然变得迅猛起来，而且会越来越快。

人生中的许多事都符合这种指数增长的规律。比如阅读，阅读是一件很容易的事，但在你开始阅读的很长一段时间里，你可能都会觉得阅读并没有什么效果，好像之前看过的书都白看了。但是一旦你坚持下去，不问得失，当你阅读的量积累得足够多，达到一定的临界点之后，你会发现之前看过的书突然之间就浮现在你的脑海中，且你能发现一本书与另一本书的相通之处。

学习亦是如此，可能你会怀疑，现在的学习到底有什么意义？现在的努力又有什么意义？

因为你目前正处于人生的起步阶段，所以很多东西你还不能看到其未来的增长趋势，且你的进步目前看上去微乎其微。但随着时间的流逝，随着你不断地深入学习，你的能力在达到一定的临界点之后，会产生井喷式的爆发。

这种到达临界点时的感觉，颇有一种"柳暗花明又一村"的畅快感，就仿佛是曾经黑漆漆的道路被瞬间点亮了一样。

我们所有的努力，都不会白费，目前看不见的增长，其实都被储存了起来，等待某一天连本带息一起交给我们。

当然，最重要的是，我们要耐得住寂寞。在指数增长的环境下，最怕你还没到那个临界点的时候，就已经放弃了。

## 长期主义思维：王羲之父子

我想讲一个书法家的故事，或许你并没有听说过他，但你肯定知道他的父亲——王羲之，这个书法家就是王献之，他们父子俩都是赫赫有名的书法大家。

你可能会觉得，这并没有什么稀奇的，既然父亲已经是有名的书法家了，儿子想必自然也差不到哪里去。

前面讲过高尔顿的实验，相信你现在已经明白，父亲是书法家与儿子是书法家之间并没有因果关系。

王献之在成为与父亲齐名的书法家之前，用了18缸的水来书写。诚然，王献之或许的确是一个天才，但他并不是仅靠天赋就取得成就的人，在他成名的背后，有他在不为人知的地方洒下的汗水。

如果王献之只是草草用了几缸水书写，在看到自己并没有太大的进步后就放弃，那么他断然不会突破自己的临界点，最后只能默默无闻。王羲之共有7个儿子，如今，其他6个儿子已经淡出了人们的视线，唯有王献之与父亲长存于历史的长河之中。

要想获得指数增长，最重要的一点就是不要轻易放弃，哪怕是看到自己的成绩在短期内并没有提高。这并不是你的努力白费了，而是现在还没到它开始指数增长的时候。

人生就像一场马拉松，前期跑得慢一点并不要紧，重要的是一直跑下去，一直努力下去。能力的提升，个人的成长，并不是一蹴而就的，需要花费时间与精力在前期为自己打下更坚实的基础。只有我们的地基稳固了，才会更快到达突破点，进而实现质的飞跃。

这就是长期主义，唯有坚持不懈、稳扎稳打，我们才会不断迎来新的增长。

像玩游戏、刷短视频这类行为，虽然短期看来的确会让我们感觉很舒服，但这种舒服的状态并不会一直持续下去，因为它不符合指数增长的规律。

# 07

## 实然世界与应然世界

　　大卫·休谟是英国经验主义哲学家之一，他的思想无论是在当时还是现在，都是振聋发聩的。

　　休谟在研究中，将我们的世界分成了实然世界和应然世界。实然是对现实的描述，而应然则是讲什么是应该的，而且实然不能用来论证应然。

　　比如，太阳是红色的，是炽热的，这就是实然世界的范畴，像数学、物理和化学等都属于实然世界。数学并不是一个想当然的世界，比如我们解一道数学题，它的答案是什么就是什么，与我们的个人喜好与个人意志无关。这是这类学科与其他学科最大的不同。在语文课上，我们可以尽情发挥自己的想象力，在写作文的时候，我们可以提出自己的看法与观点。在写议论文的时候，需要我们动用逻辑推理能力，在得出观点之前，要给出相应的论据，且论据与观点之间要有较强的相关性。不过，总体来讲，我们是相对自由的。

数学世界却并不是如此，数学世界属于实然世界，无论我们对答案喜不喜欢，它都在那里岿然不动。

我们人类大部分的道德与社会规范则属于应然世界，它表示的是"应该是什么样"。比如，我们要早睡早起，要团结友爱，要互帮互助。应然世界是指事物应该存在的状态或应该发生的情况。它基于价值观和期望，与个人主观意识和价值判断相关。应然世界涉及人们对于事物应该是什么样子、应该如何行动的看法和期望。

一个东西是什么样和一个东西应该是什么样，是两个维度的问题，而很多人在日常生活中会将其混在一起，造成逻辑混乱。比如，一个人闯红灯被交警逮住了，他可能会为自己辩解："别人都闯红灯，为什么只抓我？"

显然，这位闯红灯的人就是不理解实然世界与应然世界的概念且没有将其区分。或许在他看来，的确有很多人都闯了红灯，这是实然世界，是客观存在的，但他是否应该闯红灯，则是应然世界。实然世界无法用来论证应然世界，因此，别人闯红灯并不能成为他闯红灯的理由。

了解这点，对我们的人生也很有帮助，下一次，当你和其他人在讨论某件事情的时候，你可以先区分对方究竟是在哪个世界中讨论这个问题的。比如，这个世界上每天都会有违法犯罪的人，一个城市或多或少都会有这样的人存在。某人偷了东西和某人应该偷东西，这两个概念我们很容易就能区分开。

但如果换个样子，比如，你妈妈告诉你不要总是玩手机了，你可能会很疑惑，因为你今天根本就没有碰过手机。显然，这个时候，你妈妈所讨论的就是应然世界，也就是说，她觉得，你不应该长时间玩手机。可能你之前有过这样的行为，导致你妈妈今天突然说出了这么一句话。如果你为此辩解"我没有玩手机，我今天一天都没玩"，那么很可能，接下来你将会面临与妈妈之间的争吵，而这是很没有必要的。

逻辑是数学的核心内容之一，在生活中，我们也要运用逻辑，并对别人的行为与言语进行分析，而不是想当然。

本节的最后，我有一个小小的建议，建议你长大之后，去了解一下休谟这个思想家，他的思想启发了一代又一代人，而且我保证，你肯定会为他的思想着迷。

# 08

## 中国古代也有数学家吗

### 孤独的中国数学家

相信看到这里，你肯定会有一丝疑问，在这本书中，为什么提到的都是外国人的名字，为什么没有我们中国人的名字呢？

实际上，在古代的中西方，都出现了非常伟大的数学家，古代中国有刘徽、祖冲之、张邱建等，但很遗憾的是，他们都被掩埋在了历史的故纸堆中。

翻遍二十四史，有关他们的记载，大部分只有几十个字。

从现存的史料记载来看，我们对他们的了解是很模糊的，除了他们留下来的著作和后人承袭的研究，对他们几乎一无所知。比如刘徽，他究竟是哪里人，史书中并没有记录。北宋宋徽宗

时期，这位艺术家皇帝追封已经去世近 800 年的刘徽为"淄乡男"。一般来讲，大臣死后经常以故乡之名为其追封，由此我们才推断出刘徽是淄乡人，即今天的山东邹平市。

而且，刘徽只是男爵，在公、侯、伯、子、男爵位序列中是最靠后的。

回顾中国古代那些伟大的数学家，我发现了很有意思的一点，他们都太孤独了。欧洲的数学体系传承于古希腊，在近代欧洲，我们总能找到那些光芒四射的数学家，比如牛顿、欧拉、拉普拉斯等。反观我们中国，在宋元时期，我们迎来了一次数学研究的小高峰，出现了杨辉、贾宪与朱世杰等杰出的数学家，但他们都不是同一时代的人。杨辉是南宋人，贾宪是北宋人，朱世杰则是元朝人。

在欧洲，同一时代的数学家数不胜数，比如牛顿与莱布尼茨都是同一时代的人，他们两个因微积分的发明权而争来争

去，虽然互相将对方视作剽窃自己成果的敌人，但这更多是意气之争，在他们的矛盾白热化之前，多多少少也有相互点亮、相互启发的时候。

牛顿在《自然哲学的数学原理》初版中，肯定了莱布尼茨对微积分的贡献，他写道："10年前在我和最杰出的几何学家莱布尼茨的通信中，我表明我已经知道确定极大值和极小值的方法、作切线的方法以及类似的方法，但我在交换的信件中隐瞒了这个方法……这位最卓越的科学家在回信中写道，他也发现了一种同样的方法。他诉述了他的方法，他的方法与我的方法几乎没有什么不同，除了他的措辞和符号。"

还记得数学史上的第二次危机吗？一个"无穷小究竟是什么"的问题，引起了贝克莱的怀疑，当时，无论是牛顿还是莱布尼茨都对此束手无策。眼看刚刚建立的微积分大厦即将面临倒塌的风险，又有许许多多的数学家前来为微积分大厦添砖加瓦，在修修补补之中，才得以让其变得更加严谨与完备。

后来，在高斯、柯西等人的努力下，微积分大厦逐渐得到了稳固，最后，魏尔斯特拉斯给微积分大厦封顶。他从哲学上论证了毫无污点而又严谨的极限理论。高斯有时认为，数学是一门直觉的学科，但魏尔斯特拉斯认为，直觉只会损害数学的完美，他希望微积分只建立在数的观念上，由此将它完全与几何分开。

经过魏尔斯特拉斯的论证，数学才真正走上了理性之路，第二次数学危机在他手中基本得到解决。如今我们学习的微积分，都是魏尔斯特拉斯建立在以 $\varepsilon\text{-}\delta$ 语言为基础的坚固地基之上的。

由此我们可以发现，数学的发展离不开继承与发扬，中国古代的数学家都是独自一人在研究，可能在他去世后，都没有人来继承他的数学遗产。亦有可能，后人还在重新发明轮子。

## 东西方截然相反的数学之路

今天的我们很容易就能理解和接受负数与无理数的概念，但是在古代，中西方却走了截然相反的道路。

这里需要知道一点，古代中国对数学的认识是实用化的，凡事追求能用、够用即可。

### 负数

最早引入负数运算规则的应该是古希腊的代数鼻祖丢番图。他规定，消耗数乘消耗数得到增添数，消耗数乘增添数得到消耗数。其中的消耗数我们可以理解为负数，增添数可以理解为正数，一个负数乘一个负数，得到一个正数，一个负数乘一个正数，得到一个负数。

在计算方程的时候，我们有可能会得到方程的根，它既可能是正数，也可能是负数，比如方程"$4=4x+20$"，求得 $x$ 的根为 $-4$，丢番图认为这个根毫无意义，甚至是荒谬的，因此将其舍弃。古希腊人在早期还认为无理数也是荒谬的，一旦方程求得了无理数的根，也会将其舍去。

在丢番图之后，西方人在很长一段时间里都没有引入负数的概念。在文艺复兴时期，第一个将负数引入数学，并给其提供了一个合理解释的人是意大利数学家斐波那契。他使用负债对负数进行了一番解释，但当时大部分数学家对此保持怀疑的态度，一直不肯接受负数。

1484 年，法国数学家丘凯曾求得了二次方程的一个负根，不过他没有承认这个负根，而是说负数是荒谬的数。1545 年，卡丹承认方程可以有负根，但他认为负数是"假数"，只有正数是"真数"。英国皇家学会会员马塞雷则认为承认负根只会把方程的整个理论搞糊涂，只有把负数从代数里驱除出去，才能使代数更为简洁明了与完美。而且更有意思的是，为了在解方程的过程中避开负数，马塞雷把二次方程进行了分类，他将有负根的方程单独考虑，并在最后舍去负根。

长久以来，负数一直被西方人所排斥，大家都认为这是一个荒唐的数，甚至就连法国伟大的数学家韦达也不肯承认负数。到了 17 世纪，帕斯卡还对负数进行了嘲讽，说"如果我们从 0 中拿去 4，那么 0 还会剩下什么"，因此他认为"0 减去 4 纯粹就是胡说"。

关于负数，同时代的数学家兼神学家阿尔诺还有过一番有趣的讨论。他说，如果我们承认负数的存在，那么就会得出一个荒谬的式子，即 –1 比 1，等于 1 比 –1，小数与大数之比，怎么可能等于大数与小数之比呢？

自文艺复兴以来，随着数学的发展，西方人开始慢慢接受负数。从开始的排斥，到怀疑，到用用就好了，再到最后的接受，负数着实让西方人经历了一番曲折。在 17 世纪之后，一些人开始使用负数，但一直到 18 世纪，还是有不少数学家反对负数。简而言之，到了启蒙运动时期，西方人对负数也并不是全然接受的。

笛卡尔创立解析几何之后，由于负数在坐标轴中是直观的，且计算起来也没什么问题，因此人们开始使用负数，但一直不肯承认它。一直到了 19 世纪，这样的尴尬情况才有所好转，数学家们为整数奠定了逻辑基础以后，负数在欧洲才被正式确立，真正在数学上得到了它应有的地位。

相比于西方，我们中国古人在接受负数的时候就没那么重的心理包袱。在古代，负的本意是亏欠、亏损之意。在简单的四则运算之中，古人必然很早就接触到了小数减去大数这类让人一开始摸不着头脑的问题，但人们很快并且很容易就接受了这一概念。在一些早期出土的汉简中，就有负数加减运算的例子。在《九章算术》中，有许多负数的影子，书中第 8 章的方程篇章明确指出，如果"卖"是正，则"买"是负；如果"余钱"是正，则"不足钱"就是负。

刘徽在给《九章算术》做注的时候，进一步指出：两算得失相反，要令"正""负"以别之。这句话的意思是，在列方程时，由于所给数量可能具有相反意义，因而不但需要正数，还需要引入负数以作区分。这个定义表示，正负是互相依存的、是相对的。刘徽也是首次明确了"正负数"的中国古代数学家，甚至在世界数学史上他都是独一无二的。

刘徽认为，在方程中，负数不一定表示少，正数也不一定表示多，因此，不仅一行中可以正负数交错，而且消元时，可以使参与消元的两行相应的项异号。这就是说，如果我们对方程的每一项都改变其符号，将正变为负，将负变为正，整个方程是不变的。

从现有的史料来看，负数最早大概出现于两汉时期，但一直到数学昌盛的宋元时期，在对待方程的负根时，中国数学家的态度与西方数学家的态度还是一致的，即不承认负根。当人们解决高次方程的求解问题时，他们所求得的解还只是正根，即便有多个正根时，也往往只求出其中的一个正根，负根更是根本不去考虑的。

也就是说，负数是一个很好用的工具，在使用它的时候，古人会大大方方地使用它，不会有任何心理包袱，但若是解方程得出了负根，就会毫不犹豫地将其丢弃。一般而言，古人不会单纯为了解方程而解方程，他们大都是出于实用的目的，因此解出的根在现实中都有对应的对象，比如求面积、求人数等。如今在数学应用题中，如果得出了负根，人们也会将其舍去，就更不用说古人了。

## 无理数

无理数曾经在古希腊时期引发了数学史上的第一次危机，在第一章中我们已有所了解。

在早期的文明中，有理数在日常生活中就已经够用了，但随着文明的发展，东西方都会面临无理数这一概念。和负数概念被接受一样，东方人在接受无理数的时候，并没有太大的心理排斥，而西方人从认识到接受无理数，也经历了一番曲折。

在第一章中，我们已经知道，无理数曾在西方世界引发了第一次数学危机。

在中国，无理数出现的也比较早，《九章算术》就已经提到"若开之不尽者，为不可开，当以面命之"。

由于古代汉语中的字词经常有很多种解释，因此对于"当以面命之"，也有多种解释。有些学者认为，面就是边，意思是说，如果遇到开方开不尽的数，我们可以取一个分数，以面作为分母以其根命名一个分数。

在刘徽之前，人们在处理这些数的时候，大都取一个平方根的近似值，可以用公式来表示：$x = \sqrt{a^2 + r} = a + a/r$，如果我们要求 $\sqrt{2}$，可以通过公式求出近似值：

$$\sqrt{2} = \sqrt{1^2 + 1} = 1 + 1/1 = 2$$

显然，$\sqrt{2}$ 与 2 相差甚远。

因此，刘徽在做注的时候指出，用这种办法得出的结果是极不准确的。他在前人的基础上，提供了更为精准的求近似值的办法，并由此提出了十进制的数学理念。因此大部分主流学者认为，刘徽对我国成为世界上最早使用小数的国家，做出了巨大的贡献。我们通过他留下来的注，也可以发现，在他求近似值的方法中，有极限论的思想。

当然，还有另一些学者认为，"若开之不尽者，为不可开，当以面命之"，这句话的意思是说，如果我们碰上了开方开不尽的数，我们可以将其命名为"面"，这实际上就是关于什么是无理数的定义。根据这派学者的说法，这句话就可以变成"若开之不尽者，为不可开，当以无理数命之"。

对于无理数，中国古人并没有过多的纠结，既然有这种数，那就接受这种数，并想方设法不断逼近它的近似值。在《九章算术》中，除了有开平方开不尽的无理数，还对开立方中不可开的问题有同样认识，我们的古人对此一并接受。

中国古代对无理数的引入，实际上也是出于实用角度的考量，在这一点上，我们不像西方人那么执拗，非得要在逻辑上先证明这种数是可行的才去接受。中国的古人很少纠结无理数究竟是什么，它到底是不是数。

简单来讲，中国人更重实用，而西方人更重逻辑。

# 09

## 数学之美

终于到了本书的末尾。

在这一节中，我想跟你讲一下，我所理解的数学之美。

数学的美，和其他事物的美不同，它是抽象世界的美，是纯粹的美。

很多人从小学习数学，但对数学的理解依旧停留在课本中，缺少对数学的兴趣。还有些人认为，数学可能并没有什么用，在现实世界中，我们只要学会简单的四则运算和求常见几何体面积等就行了，至于那些晦涩难懂的函数和数列，则似乎完全脱离了现实，很难在现实世界中找到对应的应用场景。

在这本书中，相信你已经感受到了当数学照进现实所带来的影响。无疑，数学中更重要的是数学思维，相比于答案，找到答案的过程不是更值得我们追求吗？

有很多人认为数学是死的，是非黑即白的，永远只有一个标准答案。实际上，数学是灵活的，曾经有人说，数学与物理是靠灵感吃饭的，而艺术则靠死功夫吃饭。当初我认为这句话说错了，因为它与我之前的观念刚好相反。在当时的我看来，数学和物理都是确定的，是有唯一标准答案的，是要花功夫的，而艺术家则是靠灵感创造出伟大作品的。

现在想来，那句话没有说错，是我之前的理解过于狭隘了而已。庞加莱和哈代都认为，数学有时靠灵感，一个只会做题的人，将失去很多领略数学之美的机会。

或许，看到这里，你还会问，数学有什么用？

我想给你讲一个故事，这个故事时常在我的脑海中徘徊。

肯尼斯·威尔逊是现代美国著名的实验物理学家之一。1969 年，费米实验室还在建设中，威尔逊出席了国会听证会，委员会要他解释新的加速器（你可以将加速器理解成一个花费巨大的仪器就行了）为什么值得国家斥巨资去筹建。还有些人问，加速器是否会对国防有用，在委员会看来，如果项目对国防有用，那么这笔钱就花得很值。

威尔逊并没有耍小聪明，而是直截了当地回答："没有用！"接着，他又说："它不能直接保卫我们的国家，但它让这个国家值得我们去保卫。"

我想，数学也是这样，你要问它有什么用，我会说："它不能直接产生效用，但它让这个世界更值得去守护。"

　　当数学朝着你走过来的时候，不要慌张，不要害怕，勇敢地拥抱他。他很可靠，是一个值得信赖的朋友，同时，他也会站在你的立场，站在你的角度，帮你分析目前的处境。他从来不会自以为是地认为，你应该怎么样，他只会告诉你，你可以怎么样。或许你会受到震撼，原来还可以这样！

　　数学，不会终结，数学，一直在诗与远方的麦田，迎接不停奔跑着的你。

我们一起再来回顾一下本章的重点，和数学一起成长。

## 本章回顾

☆ 数学中不同的公理体系就像每个人的基本价值观，我们要互相尊重，不要随意越界。

☆ 面对数学，我们唯有谦卑，面对他人，我们也应该谦卑。

☆ 在判断一件事的时候，我们需要找到好的信息，好的信息需要我们自己去寻找，并没有一张试卷可以将所有的信息都告知我们。

☆ 不以物喜不以己悲，是一种智慧，也是一种数学统计学中的"均值回归"。

☆ 我们要追求指数增长，而不是对数增长，进步慢一点没关系，重要的是长期与可持续。

☆ 数学是值得我们信赖的好朋友。

# 参考文献

1. 里奇森.不可能的几何挑战：数学求索两千年 [M].姜喆，译.北京：人民邮电出版，2022.

2. 辛格.费马大定理：一个困惑了世间智者358年的谜 [M].2版.薛密，译.桂林：广西师范大学出版社，2022.

3. 夏皮拉.认识无穷的八堂课：数学世界的冒险之旅 [M].张诚，梁超，译.北京：人民邮电出版社，2021.

4. 贝尔.数学大师：从芝诺到庞加莱 [M].徐源，译.上海：上海科技教育出版社，2012.

5. 索伦森.悖论简史：哲学与心灵的迷宫 [M].李岳臻，译.北京：九州出版社，2022.

6. 布什.好运气制造手册：从碰运气到造运气 [M].陈默，译.北京：九州出版社，2023.

7. 斯图尔特.迷人的对称 [M].李思尘，张秉宇，译.北京：中信出版社，2022.

8. 林德宏.科学思想史 [M].南京：南京大学出版社，2020.

9. 韩雪涛.好的数学 数的故事 [M].长沙：湖南科学技术出版社，2014.

10. 张远南，张昶. 变量中的常量：函数的故事 [M]. 北京：清华大学出版社，2020.

11. 布鲁克斯. 美妙的数学 [M]. 吴晓真，译. 长沙：湖南科学技术出版社，2023.

12. 欧几里得. 几何原本 [M]. 张卜天，译. 南昌：江西人民出版社，2019.